기출의
파급
효과

과탐
영역 ——
지구과학 I
상

해설

smart is sexy

Orbi.kr

기출의파급효과

지구과학 I (상)
해설

빠른 정답

Theme 1 – 지권의 변동

문항번호	정 답	문항번호	정 답	문항번호	정 답	문항번호	정 답	문항번호	정 답
1	②	2	②	3	⑤	4	①	5	③
6	③	7	①	8	③	9	①	10	②
11	③	12	②	13	②	14	①, ⑤	15	⑤
16	⑤	17	④	18	③	19	③	20	⑤
21	②	22	④	23	④	24	①	25	②
26	②	27	④	28	④	29	③	30	④
31	④	32	④	33	②	34	⑤	35	④
36	③	37	①	38	⑤	39	③	40	③
41	②	42	④								

Theme 2 – 지구의 역사

문항번호	정 답	문항번호	정 답	문항번호	정 답	문항번호	정 답	문항번호	정 답
1	⑤	2	④	3	⑤	4	②	5	④
6	③	7	③	8	②	9	③	10	③
11	③	12	①	13	⑤	14	④	15	⑤
16	②	17	④	18	⑤	19	⑤	20	⑤
21	②	22	②	23	②	24	④	25	③
26	③	27	①	28	④	29	④	30	⑤
31	⑤	32	③	33	⑤	34	①	35	②
36	②	37	②	38	③	39	①	40	④
41	④	42	⑤								

Theme 1, 2 - 2022, 2023 기출 문제

문항번호	정 답	문항번호	정 답	문항번호	정 답	문항번호	정 답	문항번호	정 답
1	③	2	⑤	3	①	4	④	5	①
6	③	7	⑤	8	③	9	①	10	⑤
11	③	12	⑤	13	③	14	①	15	③
16	⑤	17	①	18	④	19	④	20	②
21	②	22	①	23	③	24	③	25	③
26	④	27	④	28	②	29	⑤	30	②
31	③	32	①	33	④	34	①	35	①
36	①	37	①	38	①	39	③	40	⑤
41	①	42	⑤	43	⑤	44	③	45	②
46	③	47	①	48	②	49	②	50	④
51	③	52	①	53	②	54	④	55	②
56	⑤	57	④	58	②	59	⑤	60	③
61	④	62	③	63	④	64	⑤	65	④
66	①	67	⑤	68	③	69	③	70	③
71	②	72	⑤						

memo

01 정답 : ②

〈문제 상황 파악하기〉

(가) 자료를 보면 지구상에 나타나는 뜨거운 플룸과 차가운 플룸의 위치를 나타내고 있다.

(나) 자료는 지구에 나타나는 판의 경계를 나타낸 자료이니 ㉠~㉣을 A~B에 대입해야 한다.

〈선지 판단하기〉

ㄱ 선지   A는 ㉠에 해당한다. (X)

ㄒ ㉠에 차가운 플룸이 존재한다. A는 발산형 경계이므로 차가운 플룸이 형성될 수 없다.

ㄴ 선지   열점은 판과 같은 방향과 속력으로 움직인다. (X)

ㄒ 열점은 움직이지 않는다.

ㄷ 선지   대규모의 뜨거운 플룸은 맨틀과 외핵의 경계부에서 생성된다. (O)

ㄒ 뜨거운 플룸은 맨틀과 외핵의 경계부(약 2900km)에서 생성된다.

〈기출문항에서 가져가야 할 부분〉 (해당 기출문항에서 가져가셨으면 하는 부분입니다.)

1. 열점은 판 경계와 판 내부 모두 존재할 수 있다.

2. 맨틀과 외핵의 경계부의 깊이는 약 2900km이다.

3. 차가운 플룸은 섭입대에서 형성된다.

02 정답 : ②

〈문제 상황 파악하기〉

(가) 자료에서 같은 깊이일 때 주변부에서 중심부로 갈수록 온도가 상승하므로 플룸 상승류인 뜨거운 플룸이 존재하고, (나) 자료에서 같은 깊이일 때 주변부에서 중심부로 갈수록 온도가 하강하므로 플룸 하강류인 차가운 플룸이 존재한다.

〈선지 판단하기〉

ㄱ 선지 $0 \sim 150km$ 사이에서 깊이에 따른 온도 증가율은 A보다 B에서 크다. (X)

각 지역에서 150km 깊이에서 온도는 A 지역은 약 1800℃ 보다 높고,
B 지역은 1400 ~ 1800℃ 이므로 깊이에 따른 온도 증가율은 A에서 더 크다.

ㄴ 선지 (가)의 하부에는 차가운 플룸이 존재한다. (X)

(가)의 하부에는 뜨거운 플룸이 존재한다.

ㄷ 선지 (나)에서는 섭입하는 판을 지구 내부로 잡아당기는 힘이 작용하고 있다. (O)

섭입하는 판은 섭입하는 과정에서 판을 잡아당기므로 섭입하는 판을 지구 내부로 잡아당기는 힘이 작용하고 있다고 판단할 수 있다.

〈기출문항에서 가져가야 할 부분〉

1. 뜨거운 플룸은 같은 깊이에서 주변보다 온도가 높다.
2. 차가운 플룸은 같은 깊이에서 주변보다 온도가 낮다.
3. 대략 암석권은 0~100km, 연약권은 100km~400km

03 정답 : ⑤

〈문제 상황 파악하기〉

현재 하와이가 위치하는 B 지역 밑에 이동하지 않는 열점이 존재하고, 열점 위의 태평양 판이 움직이면서 하와이 열도와 엠퍼러 해산군이 형성되었다. 판의 이동 방향 파악이 중요하다.

〈선지 판단하기〉

ㄱ 선지 A 지점의 하부에는 맨틀 대류의 하강류가 있다. (O)

　　　A 지점에서 판의 수렴형 경계를 발견할 수 있으므로 맨틀 대류의 하강류가 있다.

ㄴ 선지 B 지점의 화산은 뜨거운 플룸에 의해 형성되었다. (O)

　　　B 지점의 화산은 열점으로 인해 형성된 화산섬이다. 따라서 뜨거운 플룸에 의해 형성되었다.

ㄷ 선지 B 지점에서 판의 이동 방향은 ㉠이다. (O)

　　　B 지점에서 판의 이동 방향은 ㉠이 맞다. (과거에는 ㉡ 방향으로 판이 이동해 화산섬이 형성되었지만, 선지에서는 현재 B 지점에서 판의 이동 방향을 물어보고 있으므로 현재 태평양판의 이동 방향은 ㉠이다.)

〈기출문항에서 가져가야 할 부분〉

1. 발산형, 수렴형 경계들을 기호로 어떻게 표시하는지 다시 한번 기억해놓자.

2. ㉠ 방향으로 나열된 화산섬을 하와이 열도, ㉡ 방향으로 나열된 화산섬을 엠퍼러 해산군이라 한다.

3. 현재 태평양 판의 이동 방향은 북서 방향이다.

04 정답 : ①

〈문제 상황 파악하기〉

A는 맨틀 아래로 내려가는 차가운 플룸, B는 맨틀 위로 올라오는 뜨거운 플룸이다.

〈선지 판단하기〉

ㄱ 선지 A는 차가운 플룸이다. (O)

A는 차가운 플룸이다.

ㄴ 선지 B에 의해 호상 열도가 형성된다. (X)

호상 열도는 수렴형 경계에서 형성된다.

ㄷ 선지 상부 맨틀과 하부 맨틀 사이의 경계에서 B가 생성된다. (X)

맨틀과 외핵의 경계부에서 뜨거운 플룸이 생성된다.

〈기출문항에서 가져가야 할 부분〉

1. 호상 열도는 판이 섭입하는 과정에서 형성되어 길게 연결된 화산섬들이다. 하와이 열도와 헷갈리지 않도록 주의하자.

2. 맨틀과 외핵의 경계부는 깊이 약 $2900 \mathrm{km}$ 다.

05 정답 : ③

〈문제 상황 파악하기〉

(가) 자료에 보이는 판의 경계는 발산형 경계로 대서양 중앙 해령이다. (나) 자료를 통해 각 지점의 연령을 알 수 있다.

〈선지 판단하기〉

ㄱ 선지 가장 오래된 퇴적물의 연령은 P_2가 P_7보다 많다. (O)

(나) 자료를 보면 퇴적물의 연령은 P_2가 P_7보다 많다.

ㄴ 선지 해저 퇴적물의 두께는 P_1에서 P_5로 갈수록 두꺼워진다. (X)

해적 퇴적물의 두께는 해령에서 멀어질수록 나이가 많아져 두꺼워지므로 해저 퇴적물의 두께는 P_5에서 P_1로 갈수록 두꺼워진다고 판단할 수 있다.

ㄷ 선지 P_3과 P_7 사이의 거리는 점점 증가할 것이다. (O)

P_3과 P_7사이에 발산형 경계인 해령이 존재하므로 P_3과 P_7사이의 거리는 점점 증가할 것이다.

〈기출문항에서 가져가야 할 부분〉

1. 해저 퇴적물의 두께, 연령 모두 해령에서 멀어질수록 값이 증가한다.

2. 발산형 경계에서 서로 다른 두 판 위의 지점은 시간이 지날수록 멀어진다.

06 정답 : ③

〈문제 상황 파악하기〉

자료의 판 경계에서 심발 지진이 일어나므로 수렴형 경계가 존재한다. 표에서 A와 B가 같은 방향으로 움직이고 있고, B가 서쪽으로 5의 속력으로 이동하고 있다고 했으니 두 판 A와 B의 사이에서 수렴형 경계가 생성되기 위해서는 A의 이동 속력이 5보다 작아야 한다.

〈선지 판단하기〉

ㄱ 선지 ㉠은 5보다 작다. (O)

  ㉠은 5보다 작아야 한다.

ㄴ 선지 판의 경계는 맨틀 대류의 하강부에 해당한다. (O)

  자료를 통해 심발 지진이 일어나고 있는 것을 확인할 수 있다. 심발 지진은 수렴형 경계의 섭입대에서만 발생하므로 판의 경계는 맨틀 대류의 하강부에 해당한다.

ㄷ 선지 판의 경계를 따라 습곡 산맥이 발달한다. (X)

  습곡 산맥은 두 판이 충돌함에 따라 형성될 수 있다. 그러나 해양판-해양판의 경계에서는 습곡 산맥이 형성될 수 없다.

〈기출문항에서 가져가야 할 부분〉

1. 판의 이동 방향이 같은 방향으로 이동하더라도 발산형 경계, 수렴형 경계가 만들어질 수 있다.
2. (~보다 크다/작다.)와 (~ 이상/이하다.)는 다른 말인 것을 기억해놓자.
3. 해양판과 해양판이 충돌하는 경계에서는 습곡 산맥이 형성되지 않는다.

07 정답 : ①

〈문제 상황 파악하기〉

(나) 자료를 보면 a−a′구간 보다 b−b′구간에서 섭입하는 판의 기울기가 더 가파른 것을 알 수 있다.

〈선지 판단하기〉

ㄱ 선지 a−a′에는 해구가 존재하는 지점이 있다. (O)

  a′쪽에 해구가 위치한다.

ㄴ 선지 b−b′에서 지진은 판 경계의 서쪽보다 동쪽에서 자주 발생한다. (X)

  b−b′구간에서 섭입하는 판은 b′에서 b방향으로 섭입하고 있으므로 지진은 판 경계의 서쪽에서 자주 발생한다.

ㄷ 선지 섭입하는 판의 기울기는 a−a′이 b−b′보다 크다. (X)

  섭입하는 판의 기울기는 b−b′구간에서 더 크다.

〈기출문항에서 가져가야 할 부분〉

1. 수렴형 경계에서 지진, 화산 등의 활동은 밀도가 작은 판 쪽에서 주로 일어난다.
2. 수렴형 경계에서 인접한 두 판 간의 밀도 차이가 크면 섭입하는 기울기가 더 가파르다.

08 정답 : ③

〈문제 상황 파악하기〉

자료를 통해 태평양 판과 북아메리카 판이 인접한 지역의 해령, 해구, 변환 단층을 파악할 수 있다. 판의 경계를 가지고 선지에서 물어볼 것이므로 무엇을 물어볼 것인지 예측하며 선지를 읽자.

〈선지 판단하기〉

ㄱ 선지 지각의 두께가 가장 얇은 곳은 A이다. (O)

　A는 태평양 위의 지역이므로 해양 지각으로 이루어져 있다. 그러나 B, C, D는 북아메리카 대륙 위의 지역이므로 대륙 지각으로 이루어져 있다. 해양 지각은 대륙 지각보다 두께가 얇다.

ㄴ 선지 천발 지진은 B와 C에서 모두 발생한다. (O)

　변환 단층과 해구에서는 모두 천발 지진이 발생할 수 있다.

ㄷ 선지 D는 북아메리카 판에 위치한다. (X)

　D는 태평양 판 위에 위치한다.

〈기출문항에서 가져가야 할 부분〉

1. 천발(0~70km), 중발(70~300km), 심발(300km~) 깊이인 것을 기억하자.

2. 각 판 경계에서 발생할 수 있는 지각 변동의 종류에 대하여 잘 기억하자.

3. 같은 대륙 위에 있는 두 지역이더라도 사이에 판 경계가 있으면 서로 다른 판에 있는 것이다.

09 정답 : ①

〈문제 상황 파악하기〉

A는 태평양 판, B는 나스카 판이다. B가 속한 나스카 판은 해령과 해구 사이의 거리가 짧아 판의 연령이 A보다 적을 것이다.

〈선지 판단하기〉

ㄱ 선지 ㉠은 A의 확장 속도에 해당한다. (O)

㉠의 연령이 오래되었으므로 ㉠은 A의 확장 속도에 해당한다.

ㄴ 선지 T 기간에 판의 확장 속도는 A가 B보다 빠르다. (X)

T 기간에 A의 확장 속도는 4↓이고, B의 확장 속도는 8↑이므로 B가 A보다 빠르다.

ㄷ 선지 T 기간에 생성된 판 위에 쌓인 심해 퇴적물의 두께는 A가 B보다 3배 두껍다. (X)

판 위에 쌓이는 심해 퇴적물의 두께는 판의 나이에 비례하고, T 기간에 생성된 판 A와 B의 나이는 같으므로 판 위에 쌓인 심해 퇴적물의 두께는 같다고 판단할 수 있다.

〈기출문항에서 가져가야 할 부분〉

1. 문제에 주어지는 자료를 보고 바로 태평양 판, 나스카 판, 동태평양 해령을 떠올릴 수 있어야 한다.

2. 판 위에 쌓이는 해저 퇴적물의 두께는 판의 이동 속도와 전혀 상관이 없다. 오직 판의 나이와 비례한다는 것을 알아두자.

3. (나) 자료를 통해 태평양 판의 나이가 대략 2억 년이고, 나스카 판의 나이가 대략 5,000만 년인 것을 알 수 있다.

10 정답 : ②

〈문제 상황 파악하기〉

판 A는 시간이 지날수록 남동쪽에서 북서쪽으로 이동하므로 이동 방향이 북서 방향이고, 판 B는 시간이 지날수록 남동쪽에서 북서쪽으로 이동하므로 이동 방향이 북서 방향이다. 하지만 B판이 더 빠르게 이동하므로 판 A와 B의 경계는 수렴형 경계다.

〈선지 판단하기〉

ㄱ 선지   두 판은 모두 남동 방향으로 이동했다. (X)

　　　　두 판은 모두 북서 방향으로 이동했다.

ㄴ 선지   판의 이동 속도는 A보다 B가 빠르다. (O)

　　　　판의 이동 속도는 A보다 B가 빠르다. (아래의 표는 대략적인 수치이다.)

	수직 방향 이동(남북)	수평 방향 이동(동서)	이동 속력
A판	6cm	12cm	$\sqrt{180}\,\text{cm/y}$
B판	36cm	90cm	$\sqrt{9396}\,\text{cm/y}$

ㄷ 선지   (가)의 판 경계는 맨틀 대류의 상승부에 위치한다. (X)

　　　　⇒ 수렴형 경계이므로 맨틀 대류의 하강부가 위치한다.

〈기출문항에서 가져가야 할 부분〉

1. 판의 이동 방향을 물어보는 특이한 방법이 사용되었다.

2. 인접한 판의 이동 방향이 같더라도 수렴형 혹은 발산형 경계가 만들어질 수 있다.

11 정답 : ③

〈문제 상황 파악하기〉

대서양 해저면에서 판의 경계라고 했으므로 중앙 부분의 판 경계는 대서양 중앙 해령일 것이고, P_4지점 부근에서 해령이 존재한다고 판단할 수 있다.

〈선지 판단하기〉

ㄱ 선지 수심은 P_6이 P_4보다 깊다. (O)

　　　　해령에서 멀어질수록 수심은 깊어진다.

ㄴ 선지 $P_3 - P_5$ 구간에는 발산형 경계가 있다. (O)

　　　　P_4지점 부근에서 해령이 존재하므로 발산형 경계가 존재한다.

ㄷ 선지 해양 지각의 나이는 P_4가 P_2보다 많다. (X)

　　　　P_4지점 부근에서 해령이 존재하므로 해양 지각의 나이는 P_4가 P_2보다 적다고 판단할 수 있다.

〈기출문항에서 가져가야 할 부분〉

1. 해령을 기준으로 양쪽 판의 물리량이 비슷해야 하므로 수심이 대칭인 P_4부근에 해령이 존재함을 알 수 있어야 한다.

2. 해령에서 멀어질수록 판의 나이가 많아지고, 수심이 깊어지고, 퇴적물의 두께가 증가한다.

3. 음파가 되돌아오는데 8초 이상 걸린 구간이 없으니 위 자료의 지점에는 해구가 없다는 사실을 기억하자.

12 정답 : ②

〈문제 상황 파악하기〉

이 문항에서는 자료의 순서가 (가)→(나)→(다) 혹은 (다)→(나)→(가)인지 파악하는 것이 핵심이다. 수렴형 경계 즉 해구는 양쪽에 판이 소멸하는 경계이므로 (다)→(나)→(가) 순서가 맞다.

〈선지 판단하기〉

ㄱ 선지 변화 순서는 (가) → (나) → (다)이다. (X)

　　　　변화 순서는 (다)→(나)→(가) 순서다.

ㄴ 선지 (나)에서 해령의 일부가 섭입하여 소멸된다. (O)

　　　　해령의 일부가 섭입하여 소멸된 것이 자료에서 관측된다.

ㄷ 선지 구간 A-B는 발산형 경계이다. (X)

　　　　구간 A-B는 보존형 경계이다.

〈기출문항에서 가져가야 할 부분〉

1. 수렴형 경계는 판이 소멸하는 경계이다.

2. 해령은 해구에 의하여 소멸될 수 있다. (2023학년도 수능 지구과학Ⅰ 15번 참고.)

13 정답 : ②

〈문제 상황 파악하기〉

해령으로부터 거리에 따른 지각의 연령을 보았을 때 판의 확장 속도는 (가)가 (나)보다 크다.

〈선지 판단하기〉

ㄱ 선지 해령으로부터의 거리에 따른 수심 변화는 (가)보다 (나)에서 작다. (X)

해령으로부터의 거리에 따른 수심 변화의 값 $m(\dfrac{\text{수심 변화}}{\text{거리}}=m)$은 $m_{(가)} < m_{(나)}$이므로 (나)보다 (가)에서 작다.

ㄴ 선지 해양 지각의 확장 속도는 (가)보다 (나)에서 빠르다. (X)

해양 지각의 확장 속도는 (나)보다 (가)에서 빠르다. ($\text{평균 속력} = \dfrac{\text{이동 거리}}{\text{이동 시간}}$이므로 해령의 기울기가 작을수록 해양 지각의 확장 속도는 빠르다고 판단할 수 있다.)

ㄷ 선지 지각 열류량은 A보다 B에서 작다. (O)

지각 열류량은 해령에서 가까운 A보다 해령에서 먼 B에서 작다고 판단할 수 있다.

〈기출문항에서 가져가야 할 부분〉

1. 거리가 같을 때 지각의 연령이 높은 판이 이동 속도가 빠른 판이다.

2. 지각 열류량은 지각이 가진 열이므로 지각의 온도라고 생각하자.

14 정답 : ①, ⑤

(복수 정답 처리된 문제입니다.)

〈문제 상황 파악하기〉

같은 방향으로 이동하는 두 판의 진앙 분포를 보면 천발~심발 지진까지 분포하고 있으므로 해당 판의 경계는 수렴형 경계이다. 판이 섭입하는 방향은 B→A 방향이며 판의 경계는 A보다 B에 가까이 위치한다.

〈선지 판단하기〉

ㄱ 선지 해구로부터의 거리 (O)

해구는 천발 지진이 발생하는 지역쪽에 위치하므로 해구로부터 거리는 B가 A보다 가깝다.

ㄴ 선지 판의 밀도 (X)

판의 밀도는 B판이 섭입하는 판이므로 B판이 크다.

ㄷ 선지 판의 이동 속력 (O, X) (복수 정답 처리된 문제입니다.)

판의 이동 속력은 두 판이 어떤 방향으로 이동하느냐에 따라 달라진다.

1. 두 판의 이동 방향이 북동 방향인 경우
   이 경우에 A판의 이동 속도가 B판의 이동 속도보다 커야 A-B판의 상대적인 운동으로 인해 수렴형 경계가 발달한다.

2. 두 판의 이동 방향이 남서 방향인 경우
   이 경우에 A판의 이동 속도가 B판의 이동 속도보다 작아야 A-B판의 상대적인 운동으로 인해 수렴형 경계가 발달한다.

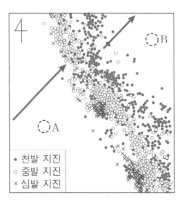 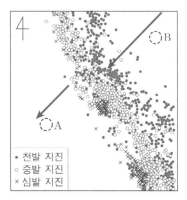

〈기출문항에서 가져가야 할 부분〉

1. 두 판의 이동 방향이 같더라도 각 판의 이동 속도가 다르다면 수렴형 경계 혹은 발산형 경계가 만들어질 수 있다.

15 정답 : ⑤

〈문제 상황 파악하기〉

A 부근은 발산형 경계, B 부근은 수렴형 경계이므로 발산형 경계의 분포를 보면 A, B 사이 판의 이동 방향은 남동쪽 방향이다.

〈선지 판단하기〉

① 선지 화산 활동은 A보다 B에서 활발하다. (X)

정확히 수렴형 경계인 곳에서는 발산형 경계에서보다 화산 활동이 적다. 수렴형 경계에서의 화산 활동은 판이 섭입대에서 어느 정도 내려간 깊이에서 발생하기 때문이다.

② 선지 B는 맨틀 대류의 상승부에 위치한다. (X)

B 부근은 수렴형 경계이므로 맨틀 대류의 하강부다.

③ 선지 섭입하는 판의 평균 기울기는 45°보다 크다. (X)

B-C사이 수평거리는 대략 $300km$ 정도 되고, C 지점에서 진원의 깊이는 대략 $100km$ 정도이므로 섭입하는 판의 기울기 $\tan\theta \cong \frac{1}{3}$ 이므로 $\theta < 45°$ 이다.

④ 선지 A에서 B로 갈수록 해양 지각의 연령은 감소한다. (X)

A에서 B로 갈수록 해령에서 멀어지므로 해양 지각의 연령은 증가한다.

⑤ 선지 B에서 C로 갈수록 진원의 깊이는 대체로 깊어진다. (O)

B-C 구간에는 섭입대가 위치하므로 B에서 C로 갈수록 진원의 깊이는 대체로 깊어진다.

〈기출문항에서 가져가야 할 부분〉

1. ③번 선지를 처음 보고 판단이 안 된다면 굳이 판단하려고 하지 않고 다른 선지부터 판단해도 괜찮다.

16 정답 : ⑤

〈문제 상황 파악하기〉

우선 각 판의 이동 방향을 아는 것이 중요하다. C는 발산형 경계, B는 보존형 경계, A는 수렴형 경계다. A 부근의 진앙 분포를 보면 북쪽 방향으로 판이 섭입하고 있다는 것을 알 수 있다. 따라서 A, B, C가 함께 포함된 판의 이동 방향은 북쪽이므로 C가 발산형 경계가 되는 것이다.

〈선지 판단하기〉

ㄱ 선지   C에서 인접한 두 판의 이동 방향은 대체로 동서 방향이다. (X)

C에 인접한 두 판의 이동 방향은 대체로 남북 방향이다.

ㄴ 선지   인접한 두 판의 밀도 차는 A가 C보다 크다. (O)

C는 해양판과 해양판의 경계지만 A는 해양판과 대륙판의 경계이므로 밀도 차는 A가 더 크다.

ㄷ 선지   인접한 두 판의 나이 차는 B가 C보다 크다. (O)

인접한 두 판의 나이 차는 발산형 경계인 C보다 보존형 경계인 B에서 더 크다.

〈기출문항에서 가져가야 할 부분〉

1. 발산형 경계 혹은 수렴형 경계가 각각 연속해서 분포하는 것은 거의 불가능하다.
   ex. 해령 옆에 바로 해구가 존재할 가능성은 매우 적을 것이다.

17 정답 : ④

〈문제 상황 파악하기〉

자료에 나온 A-B 구간을 4구간으로 잘라 다음과 같이 나타내면, T_1, T_3구간에서는 A에서 B로 갈수록 해양 지각의 나이가 증가해야 하고, T_2, T_4구간에서는 A에서 B로 갈수록 해양 지각의 나이가 감소해야 한다.

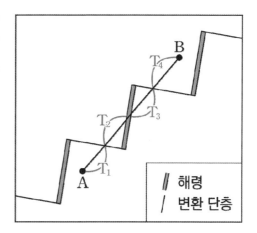

〈선지 판단하기〉

②,③,⑤ 선지

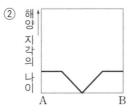 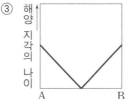 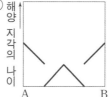

〈문제 상황 파악하기〉와 같이 그래프가 형성되야 하므로 틀린 선지이다.

① 선지

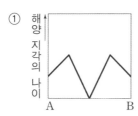

T_1, T_2구간의 사이에 위치하는 변환 단층에서 만나는 해양 지각의 나이는 같지 않고, T_3, T_4구간 사이에 위치하는 변환 단층에서 만나는 해양 지각의 나이도 같지 않으므로 해양 지각의 나이 그래프 자료가 연속적인 자료일 수 없다.

④ 선지

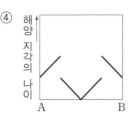

위에서 파악한 모든 내용을 종합해보면 답이 될 수 있는 선지는 ④번이다.

〈기출문항에서 가져가야 할 부분〉

1. 문항의 발문에서 "같은 속력으로 이동하는 두 판~"이라고 언급이 되었으므로 변환 단층과 구간 A-B가 교차하는 지점에서 해양 지각의 나이가 같지 않음을 파악해야 한다.

18 정답 : ③

〈문제 상황 파악하기〉

문제의 자료를 보고 굵은 선의 모양을 따라서 대서양 중앙 해령, 동태평양 해령이 위치한 것을 파악할 수 있어야 한다. 얇은 선은 단열대를 의미하는데, 단열대 주변의 지각은 같은 판 안에 존재하고 이동 방향과 속력 모두 같지만 인접한 부근의 나이가 다른 곳이다.

〈선지 판단하기〉

ㄱ 선지 굵은 실선(-)으로 표시된 단층선은 변환 단층을 나타낸다. (O)

   지진이 발생하는 곳이므로 변환 단층이 있다.

ㄴ 선지 얇은 실선(-)으로 표시된 단층선은 형성 당시의 판의 이동 방향과 나란하다. (O)

   굵은 실선으로 표시된 판의 경계와 얇은 실선은 나란하므로 판의 이동 방향과도 나란하다.

ㄷ 선지 A와 B 지역에서는 모두 새로운 해양 지각이 생성되고 있다. (X)

   A 지역은 판의 경계가 아니므로 새로운 해양 지각이 생성되고 있다고 생각하기 어렵다.

〈기출문항에서 가져가야 할 부분〉

1. 이동 방향과 방향은 같지만 인접한 부근의 나이가 다른 곳을 "단열대"라고 한다. 단열대는 지진 활동과 화산 활동이 거의 없다는 특징이 있다.

19 정답 : ③

〈문제 상황 파악하기〉 (본문 p.32에 더 자세한 설명이 나와 있다.)

해령에서 발산하는 판의 이동 속도를 x라고 하고, 해령의 이동 속도를 y라고 한다면 $x+y=6$, $-x+y=-4$이다. 연립방정식을 풀어주면 $x=5, y=1$이라는 값이 나온다.

(동쪽으로 이동하는 방향의 속도를 (+), 서쪽으로 이동하는 방향의 속도를 (−)라 한다.)

〈선지 판단하기〉

ㄱ 선지 두 해양판의 경계에는 변환 단층이 있다. (O)

두 해령 사이에 판의 이동 방향이 반대되는 부분이 존재하므로 이 부분이 변환 단층일 것이다.

ㄴ 선지 해령에서 두 해양판은 1년에 각각 5cm씩 생성된다. (O)

해령에서 발산하는 판의 이동 속도는 해령에서 생성되는 판의 길이와 같다고 할 수 있다. 해령에서 발산하는 판의 이동 속력은 $5 \, \mathrm{cm/y}$이므로 해령에서 두 해양판은 1년에 각각 5cm씩 생성된다고 판단할 수 있다.

ㄷ 선지 해령은 1년에 2cm씩 동쪽으로 이동한다. (X)

해령의 이동 속도 $y = 1 \mathrm{cm/y}$로 양의 값을 가지고 크기는 1이므로 해령은 1년에 1cm씩 동쪽으로 이동한다고 판단할 수 있다.

〈기출문항에서 가져가야 할 부분〉

1. 판만 이동하는 것이 아니고 해령 또한 이동할 수 있다.

2. 해령의 이동 속력은 판의 발산 속력보다 클 수 없다.

3. 서쪽 판은 판이 5의 속력으로 발산하는데 해령이 1의 속력으로 발산 반대 방향으로 끌고 가니 4의 속력으로 발산하는 것이고, 동쪽 판은 판이 5의 속력으로 발산하는데 해령이 1의 속력으로 발산 방향으로 밀고 나가니 6의 속력으로 발산한다고 생각하면 편하다.

20 정답 : ⑤

〈문제 상황 파악하기〉

발문을 읽지 않고도 (가)는 동태평양 해령 주변부 자료임을 (나)는 동아프리카 열곡대 주변부 자료임을 알아야 한다.

〈선지 판단하기〉

ㄱ 선지 ㉠의 하부에는 침강하는 해양판이 잡아당기는 힘이 작용한다. (O)

남아메리카 왼쪽에는 나스카판이 남아메리카 판 밑으로 섭입하면서 생기는 해구가 존재하므로 해양판이 섭입하면서 잡아당기는 힘이 존재한다고 할 수 있다.

ㄴ 선지 ㉡의 하부에는 맨틀과 외핵의 경계부에서 상승하는 플룸이 있다. (O)

동아프리카 열곡대 하부에는 열점이 존재한다. 열점은 맨틀과 외핵의 경계부에서 상승하는 뜨거운 플룸으로 인해 형성된다.

ㄷ 선지 진원의 평균 깊이는 ㉠이 ㉡보다 깊다. (O)

㉡지점은 발산형 경계로 천발 지진만 일어나고, ㉠지점은 섭입대가 위치하므로 천발~심발 지진까지 일어난다.

〈기출문항에서 가져가야 할 부분〉

1. 동아프리카 열곡대에는 열점이 존재한다.

2. 천발($0 \sim 70km$), 중발($70 \sim 300km$), 심발($300km \sim$)의 진원 깊이를 대략적으로 알아놓자.

3. 발산형 경계에서는 천발 지진이 발생하고, 수렴형 경계에서는 천발~심발 지진까지 발생한다.

21 정답 : ②

〈문제 상황 파악하기〉

마그마의 조성비가 나왔을 때 가장 먼저 확인해야 하는 것은 SiO_2의 비율이다. A는 현무암질 마그마이고, B는 유문암질 마그마이다.

〈선지 판단하기〉

ㄱ 선지 A는 유문암질 마그마이다. (X)

A는 SiO_2비율이 52% 이하인 현무암질 마그마다.

ㄴ 선지 CaO 질량비는 A가 B보다 크다. (O)

문항의 자료를 보면 CaO 질량비는 A가 B보다 크다는 것을 알 수 있다.

ㄷ 선지 유색 광물은 A보다 B에서 많이 정출된다. (X)

유색 광물의 함량비는 현무암질 마그마가 높으므로 유색 광물은 B보다 A에서 많이 정출된다.

〈기출문항에서 가져가야 할 부분〉

1. 현무암, 안산암, 유문암, 반려암, 섬록암, 화강암의 암석의 화학적, 물리적 특징을 잘 알고 있어야 한다.
2. SiO_2의 비율과 유색 광물의 비율은 대체로 반비례하는 관계를 가지고 있다.

22 정답 : ④

〈문제 상황 파악하기〉

문항의 발문과 자료를 읽고 각 화성암의 화학적, 물리적 특징을 잘 알고 있어야 한다.

〈선지 판단하기〉

ㄱ 선지 광물 결정의 크기는 안산암이 섬록암보다 크다. (X)

광물 결정의 크기는 암석이 식는 속도에 반비례한다. 따라서 빠르게 식어 세립질 암석인 안산암보다 느리게 식어 조립질 암석인 섬록암의 광물 결정 크기가 더 크다.

ㄴ 선지 유색 광물이 차지하는 부피비는 반려암이 화강암보다 크다. (O)

감람석, 휘석, 각섬석, 흑운모는 유색 광물이고 사장석, 석영, 정장석 등은 무색 광물인 것을 알고 있다면 유색 광물이 차지하는 부피비는 반려암이 화강암보다 큰 것을 알 수 있다.

ㄷ 선지 SiO_2의 함량이 많을수록 암석의 밀도는 작다. (O)

SiO_2의 함량이 적은 현무암은 고철질 물질이 많이 포함된 암석이므로 암석의 밀도가 크다고 할 수 있다.
SiO_2의 함량과 고철질 물질의 함량(=암석의 밀도)은 반비례한다.

〈기출문항에서 가져가야 할 부분〉

1. 광물에서 결정의 크기가 커지기 위해서는 많은 시간이 필요하므로 마그마가 느리게 식어서 생성된 조립질 암석에서 결정의 크기가 크다.

2. SiO_2의 함량과 암석의 밀도, 고철질 물질의 함량, 암석의 녹는점, 유색 광물의 함량 등은 반비례 관계를 가지고 있다.

3. 조암 광물의 부피비와 화성암 사이의 관계 정도만 파악할 수 있도록 하자.

23 정답 : ④

〈문제 상황 파악하기〉

B에서 형성되는 마그마는 해양판이 섭입하면서 함수 광물에서 물이 빠져나오고 빠져나온 물이 맨틀의 용융점을 낮추어서 생성되는 현무암질 마그마이고, A에서 형성되는 마그마는 현무암질 마그마와 화강암질 마그마가 섞여 만들어진 안산암질 마그마다.

X의 SiO_2함량이 Y의 SiO_2함량보다 작으므로 X=B, Y=A라고 할 수 있다.

〈선지 판단하기〉

ㄱ 선지 A는 X이다. (X)

　　　　X의 암석은 SiO_2의 함량이 적은 마그마이므로 B에서 생성된 현무암질 마그마라고 판단할 수 있다.

ㄴ 선지 B가 생성될 때, 물은 암석의 용융점을 낮추는 역할을 한다. (O)

　　　　함수 광물에서 물이 빠져나올 때 물은 주변 암석의 용융점을 낮추는 역할을 한다.

ㄷ 선지 온도는 ㉠에 해당하는 물리량이다. (O)

　　　　마그마의 온도는 현무암질 마그마가 유문암질 마그마보다 높으므로 온도는 ㉠에 해당하는 물리량이다.

〈기출문항에서 가져가야 할 부분〉

1. 해양판이 대륙판 밑으로 섭입하면서 마그마가 생성되는 과정을 다시 한번 체크하자.

2. 녹는점이 높으면 생성된 마그마의 온도가 높다는 것을 알아두자.

24 정답 : ①

〈문제 상황 파악하기〉

㉠은 물을 포함한 화강암의 용융 곡선, ㉡은 물을 포함한 현무암의 용융 곡선, ㉢은 물을 포함하지 않은 현무암의 용융 곡선이다. a − a′은 온도 증가에 의해 마그마가 형성되고, b − b′은 압력 감소에 의해 마그마가 형성되고, c − c′는 함수 광물에서 물이 빠져나오며 용융점이 낮아지는 과정이다.

〈선지 판단하기〉

ㄱ 선지 (가)에서 물이 포함된 암석의 용융 곡선은 ㉠과 ㉡이다. (O)

맞다. 물이 포함된 암석은 물이 포함되지 않은 암석의 용융점보다 용융점이 낮아진다.

ㄴ 선지 B에서는 주로 현무암질 마그마가 분출된다. (X)

B는 나스카판이 남아메리카판 밑으로 섭입하는 수렴형 경계이므로 주로 안산암질 마그마가 분출된다.

ㄷ 선지 A에서 분출되는 마그마는 주로 c − c′과정에 의해 생성된다. (X)

A에서 분출되는 마그마는 뜨거운 플룸으로 인해 생성된 열점에서 분출되는 현무암질 마그마이므로 b − b′ 과정 즉, 압력 감소로 인해 용융점이 낮아져 생성된다.

〈기출문항에서 가져가야 할 부분〉

1. 그래프에서 각 곡선이 어떤 곡선이고, 어떤 과정 때문에 마그마가 형성되는지 제대로 알고 있어야 한다.
2. 암석에 물이 포함되면 암석의 용융점이 낮아진다.

25 정답 : ②

〈문제 상황 파악하기〉

1. 자료를 먼저 해석하고 선지를 판단하기보다 선지를 먼저 보고 자료를 해석하는 것이 조금 더 효율적인 풀이 방법인 문제이다.

2. 자료에서 y축을 보면 B는 조립질 암석이므로 화강암이고, A, C는 현무암, 유문암 중에 하나인 것을 알 수 있다. x축을 보면 A는 현무암이고, C는 유문암인 것을 쉽게 파악할 수 있다.

〈선지 판단하기〉

ㄱ 선지 C는 화강암이다. (X)

C는 결정의 크기가 작고, SiO_2함량이 63% 이상인 유문암이다.

ㄴ 선지 B는 A보다 천천히 냉각되어 생성된다. (O)

천천히 냉각될수록 광물 결정의 크기가 커진다. 화강암은 현무암보다 천천히 냉각된다.

ㄷ 선지 B는 주로 해령에서 생성된다. (X)

해령에서 생성되는 암석은 빠르게 식기 때문에 결정의 크기가 발달할 수 없다. 또한, 해령에서는 주로 현무암질 마그마가 분출한다.

〈기출문항에서 가져가야 할 부분〉

1. 각 화성암의 물리량을 파악할 수 있도록 하자.

26 정답 : ②

〈문제 상황 파악하기〉

(가) 자료는 석영의 비율이 꽤 큰 것으로 봐서 화강암이고, (나) 자료는 감람석과 휘석의 비율이 꽤 큰 것으로 봐서 현무암이다.

〈선지 판단하기〉

ㄱ 선지 (가)는 현무암이다. (X)

(나)는 현무암이다.

ㄴ 선지 유색 광물의 부피비는 (가)보다 (나)가 크다. (O)

유색 광물의 부피비는 화강암보다 현무암이 크다.

ㄷ 선지 광물 입자의 크기는 대체로 (가)보다 (나)가 크다. (X)

광물 입자의 크기는 대체로 화강암이 현무암보다 크다.

〈기출문항에서 가져가야 할 부분〉

1. 석영의 비율이 높을수록 무색 광물의 함량이 높은 암석이다. 조암 광물의 부피비 문제가 다시 출제된다면 석영의 비율로 화성암을 판단할 수 있도록 하자.

2. 휘석, 감람석의 비율이 높을수록 유색 광물의 함량이 높은 암석이다.

27 정답 : ④

〈문제 상황 파악하기〉

자료를 먼저 해석하고 선지를 판단하기보다 선지를 먼저 보고 자료를 해석하는 것이 조금 더 효율적인 풀이 방법인 문제이다.

〈선지 판단하기〉

① 선지   a는 물을 포함한 화강암의 용융 곡선이다. (O)

　　　　a는 물을 포함한 화강암의 용융 곡선임을 알고 있어야 한다.

② 선지   압력이 증가하면 현무암의 용융 온도는 증가한다. (O)

　　　　현무암뿐만 아니라 화강암 또한 압력이 증가하면 용융 온도가 증가한다.

③ 선지   A에서는 (가)의 ㉠ 과정에 의하여 마그마가 생성된다. (O)

　　　　해령에서는 압력 감소에 의해 마그마가 생성되고 (가)의 ㉠ 과정은 압력 감소에 의해 마그마가 만들어지는 과정이다.

④ 선지   B에서는 (가)의 ㉡ 과정에 의하여 마그마가 생성된다. (X)

　　　　㉡ 과정은 온도 증가에 의해 마그마가 생성되는 과정이다. 하지만 B에서는 온도 증가가 아닌 함수 광물에서 물이 빠져나오면서 마그마의 용융 온도가 낮아져서 마그마가 생성된다.

⑤ 선지   C에서는 유문암질 마그마가 생성될 수 있다. (O)

　　　　C에서는 대륙 지각의 용융으로 유문암질 마그마가 생성될 수 있다.

〈기출문항에서 가져가야 할 부분〉

1. 각 판 경계에서 마그마가 생성되는 원리와 과정을 제대로 알고 있어야 한다.

28 정답 : ④

〈문제 상황 파악하기〉

이렇게 정확히 어떤 지점에 파악해야 하는 물리량이 정확하지 않은 자료 같은 경우 대략적으로 "해양판이 섭입하면서 마그마가 만들어지는구나~"정도의 생각만 하고 선지를 먼저 읽고 자료로 올라와 판단하는 것을 추천한다.

〈선지 판단하기〉

ㄱ 선지 ㉠은 열점이다. (X)

지진파 자료를 보면 ㉠밑에서 맨틀 전체에 기둥 모양으로 P파의 속도 편차가 (−)인 부분이 존재한다고 보기 힘들기 때문에 ㉠은 열점이 아니다. 또한 열점은 판 아래에 존재한다.

ㄴ 선지 A 지점에서는 주로 SiO_2의 함량이 52%보다 낮은 마그마가 생성된다. (O)

A 지점에서는 함수 광물에서 물이 빠져나오면서 맨틀 물질의 용융점을 낮추어 현무암질 마그마가 생성된다.

ㄷ 선지 B 지점은 맨틀 대류의 하강부이다. (O)

해양판이 섭입하는 섭입대에서는 맨틀 대류의 하강류가 발견된다.

〈기출문항에서 가져가야 할 부분〉

1. ㄱ 선지에 주목해서 나중에 다른 기출 문제에 변형되어 나오더라도 틀리지 말자.

29 정답 : ③

〈문제 상황 파악하기〉

㉠은 물을 포함한 화강암의 용융 곡선, ㉡은 물을 포함한 현무암의 용융 곡선, ㉢은 물을 포함하지 않은 현무암의 용융 곡선이다.

a — a′은 온도 증가에 의해 화강암이 형성, b — b′은 압력 감소에 의해 현무암질 마그마가 형성되는 과정이다. 다만 다른 기출 문제들과 조금 다른 점은 기존에는 지하 온도 분포 곡선이 하나만 존재했다면 이 문항에서는 대륙과 해양으로 나누어서 주어졌다는 것이다. 분명히 이에 대하여 선지에서 물어볼 것이므로 조심하자는 생각을 가지고 선지를 판단하자.

〈선지 판단하기〉

ㄱ 선지 a — a′과정으로 생성되는 마그마는 b — b′과정으로 생성되는 마그마보다 SiO_2함량이 많다. (O)

화강암은 현무암질 마그마보다 SiO_2함량이 많다.

ㄴ 선지 b — b′과정으로 상승하고 있는 물질은 주위보다 온도가 높다. (O)

b — b′과정으로 상승하고 있는 물질은 현무암질 마그마이다. 맨틀 물질이 상승하고 있으므로 주위보다 온도가 높다.

ㄷ 선지 물의 공급에 의해 맨틀 물질의 용융이 시작되는 깊이는 해양 하부에서가 대륙 하부에서보다 깊다. (X)

마그마가 생성되기 위해서는 암석의 녹는점보다 지하 온도가 더 높아야 한다. 즉, 같은 깊이에서 녹는점보다 지하 온도가 더 높아야 하며 자료에서 보면 용융 곡선과 지하 온도 분포 곡선이 만나는 깊이와 같아지는 지점부터 마그마가 만들어질 수 있다.

㉠, ㉡ 각각의 암석 용융 곡선이 지하 온도 곡선과 만나는 깊이는 대륙에서가 해양에서보다 깊다. 따라서 물 공급에 의해 맨틀 물질의 용융이 시작되는 깊이는 대륙 하부에서가 해양 하부에서보다 깊다.

〈기출문항에서 가져가야 할 부분〉

1. 대륙과 해양에서 같은 깊이일 때 지하의 온도는 해양에서 더 높다.

2. 깊이-온도 그래프에서 마그마가 만들어질 수 있는 조건을 그래프를 보고 해석할 수 있어야 한다.

3. 압력 감소의 과정으로 상승하는 물질은 뜨거운 플룸도 있으므로 뜨거운 플룸은 주위보다 온도가 높다는 것을 알고 있어야 한다.

30 정답 : ④

〈문제 상황 파악하기〉

㉠ 과정은 온도 증가에 의해 유문암질 마그마가 만들어지는 과정이고, ㉡ 과정은 압력 감소에 의해 현무암질 마그마가 만들어지는 과정이다. 따라서 A는 ㉠ 과정의 마그마가 굳어진 암석이고, B는 ㉡과정의 마그마가 굳어진 암석이다.

〈선지 판단하기〉

ㄱ 선지   ㉠ 과정으로 생성된 마그마가 굳으면 B가 된다. (X)

㉠ 과정은 온도 증가에 의해 유문암질 마그마가 만들어진 과정이므로 ㉠ 과정에 의해서는 A의 암석이 만들어진다.

ㄴ 선지   ㉡ 과정에서는 열이 공급되지 않아도 마그마가 생성된다. (O)

열이 공급되면 온도가 증가해야 한다. 하지만 ㉡과정에서 생성되는 마그마는 온도 증가가 아닌 압력 감소에 의해 녹는점이 낮아져서 마그마가 생성되는 것이다.

ㄷ 선지 SiO_2 함량(%)은 A가 B보다 높다. (O)

SiO_2의 함량은 A가 63% 이상이고, B가 52% 이하이므로 A가 B보다 높다.

〈기출문항에서 가져가야 할 부분〉

1. 열이 공급된다면 마그마 혹은 암석의 온도가 증가해야 한다. 각각의 마그마가 생성되는 과정을 정확히 알고 있어야 한다.

2. 암석의 색을 보고 화성암의 종류를 파악할 수 있어야 한다.

31 정답 : ④

〈문제 상황 파악하기〉

속력=거리/시간이므로 판의 이동 속도=해령으로부터의 거리/나이이다. 따라서 판의 이동 속도는 기울기에 반비례하므로 $v_C > v_B > v_A$ 순서다.

〈선지 판단하기〉

ㄱ 선지   150만 년 전의 지구 자기장은 정자극기에 해당한다. (X)

         150만 년 전 지구의 자기장은 역자극기에 해당한다.

ㄴ 선지   평균 해저 확장 속도가 가장 빠른 곳은 C 부근이다. (O)

         평균 해저 확장 속도 즉 평균적인 판의 이동 속도는 같은 시간 동안 가장 많이 이동한 C에서 가장 빠르다.

ㄷ 선지   해령 C로부터 거리가 ⓑ인 지점은 ⓐ인 지점보다 해저 퇴적물의 두께가 두꺼울 것이다. (O)

         해저 퇴적물의 두께는 지각의 나이에 비례하기 때문에 ⓑ 지점에서 퇴적물의 두께가 ⓐ 지점에서 퇴적물의 두께보다 두껍다.

〈기출문항에서 가져가야 할 부분〉

1. 자료를 잘 보고 정자극기, 역자극기를 해석할 수 있도록 하자.

32 정답 : ④

〈문제 상황 파악하기, 선지 판단하기〉

1. 가장 최근에 생성된 해양 지각은 정자극기에 해당한다.
   현재 해령에서 생성되는 지각에는 정자극기의 흔적이 대칭적으로 나타나야 한다.
   따라서 ②번, ③번, ⑤번은 정답이 아니다.
2. 역자극기가 4회 있었다.
   해령을 중심으로 양쪽에 역자극기가 4개씩 대칭적으로 분포해야 한다.
   따라서 ①번이 아닌 ④번이 정답이다.

〈기출문항에서 가져가야 할 부분〉

1. 해령 양쪽 판의 이동 속도가 같다면 고지자기의 분포는 해령을 중심으로 대칭적인 분포를 나타낸다.
2. 고지자기 역전 주기는 일정하지 않다.

33 정답 : ②

〈문제 상황 파악하기〉 (정확한 그림은 본문 p.72를 참고하도록 하자.)

고지자기극은 이동하지 않으므로 지괴의 이동 경로는 $0Ma \rightarrow 200Ma$방향으로 계속해서 남하하는 것이다.
남하하면서 지괴의 이동 속도는 점차 감소했다.

〈선지 판단하기〉

ㄱ 선지 200Ma에는 남반구에 위치하였다. (X)

    200Ma때는 북반구 고위도 쪽에 위치하였다.

ㄴ 선지 150Ma ~ 100Ma 동안 고지자기 복각은 감소하였다. (O)

    지괴는 시간이 지남에 따라 남하하였으므로 고지자기 복각은 감소하였다.

ㄷ 선지 200Ma ~ 0Ma 동안 이동 속도는 점점 빨라졌다. (X)

    같은 시간 동안 이동거리가 짧아졌으므로 $200Ma \rightarrow 0Ma$동안 이동 속도는 점점 느려졌다.

〈기출문항에서 가져가야 할 부분〉

1. 지괴와 고지자기극 사이의 거리를 이어 그 시기의 위도를 파악할 수 있도록 하자.

34 정답 : ⑤

〈문제 상황 파악하기〉

(가) 해령은 현재 만들어지는 판에서 고지자기 방향을 고려하면 해령이 경도 선과 나란하게 발달한 판의 경계 모습이고, (나) 해령은 현재 만들어지는 판에서 고지자기 방향을 고려하면 해령이 경도 선에 수직하게 발달한 판의 경계 모습인 것을 알 수 있다.

〈선지 판단하기〉

ㄱ 선지 A는 B보다 먼저 생성되었다. (O)

고지자기 역전의 순서를 고려했을 때, A는 B보다 먼저 생성되었다.

ㄴ 선지 B는 서쪽 방향으로 이동한다. (O)

정자극기에 고지자기가 향하는 방향은 북쪽이다. 따라서 B는 서쪽으로 이동한다.

ㄷ 선지 C는 생성 당시 남반구에 위치하였다. (O)

C에서 고지자기 복각을 고려하면 정자극기에 복각이 $-55°$ 이므로 C는 생성 당시 남반구에 위치하였다.

〈기출문항에서 가져가야 할 부분〉

1. 현재 해령 주변은 정자극기에 형성된 판임을 잊지 말고, 현재의 고지자기 방향이 현재 고지자기극 즉, 북극 방향임을 잊지 말고 문제 풀이하자.

2. 해령은 항상 이동할 수 있음을 잊지 말고 선지에서 물어본 지역이 해당 시기에 정자극기인지 혹은 역자극기인지에 주의해서 지역이 생성된 위치를 파악하자.

35 정답 : ④

〈문제 상황 파악하기〉

지괴는 $0Ma \rightarrow 80Ma$ 동안 반시계 방향으로 $90°$ 회전했다.
(현재 → 과거 방향으로 이동, 회전하는 방향으로 판단하자.)

〈선지 판단하기〉

ㄱ 선지 고지자기 복각이 감소하였다. (X)

0Ma~80Ma일 때 지괴와 고지자기극 사이의 거리가 동일하므로 복각은 감소하지 않았다.

ㄴ 선지 시계 반대 방향으로 회전하였다. (O)

지괴를 기준으로 고지자기극이 시계 방향으로 회전한 것처럼 보이므로 지괴는 시계 반대 방향으로 회전하였다.

ㄷ 선지 $90°$ 회전하였다. (O)

80Ma일 때 적도에 위치하던 고지자기극이 0Ma일 때 극에 위치하므로 지괴는 $90°$ 회전하였다.

〈기출문항에서 가져가야 할 부분〉

1. 고지자기극의 위치를 보고 지괴의 회전을 알 수 있어야 한다.

36 정답 : ③

〈문제 상황 파악하기〉

발문에서 북반구에 위치한 해령이라고 했으므로 현재 해령의 지리상 위치는 북반구임을 잊지 말자. 고지자기 복각의 크기 변화를 고려하면 해령은 점차 남하하였고, 고지자기극의 방향의 변화를 고려하면 해령의 회전 방향은 시계 반대 방향이다.

〈선지 판단하기〉

ㄱ 선지 A와 B는 같은 시기에 생성되었다. (O)

　　　　A와 B는 각각 해령으로부터 2번째 정자극기에 위치하므로 A와 B는 같은 시기에 생성되었다.

ㄴ 선지 해령은 C 시기 이후에 고위도로 이동하였다. (X)

　　　　"해령"은 C 시기 이후에 점차 남하하여 저위도로 이동하였다.

ㄷ 선지 이 해령은 시계 반대 방향으로 회전해 오면서 현재에 이르렀다. (O)

　　　　과거부터 현재까지 고지자기극이 시계 방향으로 회전하므로 이 해령(지괴)은 시계 반대 방향으로 회전했다.

〈기출문항에서 가져가야 할 부분〉

1. 해령과 자극기의 관계를 파악할 수 있어야 한다.
2. 지괴의 회전은 고지자기극의 변화로 파악해야 한다.

37 정답 : ①

〈문제 상황 파악하기〉

"위도 $50\degree$ S에 위치한 어느 해령"이라고 했으므로 현재 해령의 위치가 남반구임을 잊지 말고, 현재 고지자기극의 방향을 보고 해령이 위도선과 나란하게 분포함을 알 수 있다.

〈선지 판단하기〉

ㄱ 선지 A에서 고지자기 방향은 남쪽을 가리킨다. (O)

　　　　A는 역자극기에 생성된 지역이므로 현재 고지자기극의 방향이 진북 방향임을 고려하면 A에서 생성된 고지자기 방향은 남쪽을 가리킨다.

ㄴ 선지 고지자기 복각은 A가 B보다 크다. (X)

　　　　A와 B는 같은 시기에 하나의 해령에서 형성된 지역이므로 고지자기 복각은 같다.

ㄷ 선지 A는 B보다 저위도에 위치한다. (X)

　　　　현재 고지자기의 방향이 북쪽 방향임을 알 수 있어야 한다. 이때, B가 위치한 방향이 북쪽이므로 A는 남쪽에 위치한다. 이 해령은 남반구이므로 A가 더 고위도이다.

〈기출문항에서 가져가야 할 부분〉

1. 현재 해령이 남반구에 혹은 북반구에 위치하는지, 고지자기의 방향은 어느 쪽을 향하는지 파악할 수 있어야 한다.
2. 해령의 분포를 파악해서 고위도 방향과 저위도 방향을 제대로 파악해야 한다.

38 정답 : ⑤

〈문제 상황 파악하기〉 (정확한 그림은 본문 p.75를 참고하도록 하자.)

시간이 흐르면서 고지자기 복각의 크기는 점차 증가하는 것을 보아서 해당 지괴는 점차 북상하고 있고, 점선 화살표의 방향이 진북 방향이고, 실선 화살표가 과거 고지자기 극의 위치이므로 지괴의 회전 방향은 시계 방향이다.

〈선지 판단하기〉

ㄱ 선지 제3기에 북반구에 위치하였다. (O)

제3기에 고지자기 복각의 크기를 보면 복각이 +50°이므로 제3기에 지괴는 북반구에 위치했다.

ㄴ 선지 백악기 동안 고위도 방향으로 이동하였다. (O)

백악기뿐만 아니라 쥐라기 ~ 제3기 동안 지괴는 고위도 방향으로 이동했다.

ㄷ 선지 쥐라기 이후 시계 방향으로 회전하였다. (O)

쥐라기 이후 지괴는 시계 방향으로 회전했다.

〈기출문항에서 가져가야 할 부분〉

1. (←--- 진북 방향 ← 고지자기로 추정한 진북 방향) 등의 조건들을 제대로 파악하자.

39 정답 : ③

〈문제 상황 파악하기〉

(나) 자료의 절대 연령에 따른 고지자기극의 방향을 보면 A, C 시기는 정자극기, B 시기는 역자극기다. B 시기는 역자극기에 고지자기 복각은 양(+)의 값을 가지므로 화산암체는 계속해서 남반구에 위치했다고 판단할 수 있다.

〈선지 판단하기〉

ㄱ 선지 A가 형성될 당시에 이 화산암체는 남반구에 위치하였다. (O)

A가 형성될 당시에 복각은 −50°이므로 A가 형성될 당시에 이 화산암체는 남반구에 위치하였다.

ㄴ 선지 B가 형성된 이후 이 화산암체는 북반구에서 남반구로 이동하였다. (X)

A ~ C 시기 동안 이 화산암체는 계속해서 남반구에 위치했다.

ㄷ 선지 C가 형성된 이후 현재까지 역자극기는 3회 있었다. (O)

(나) 자료를 보면 2.84 ~ 0백만 년까지 역자극기는 3회 존재했다.

〈기출문항에서 가져가야 할 부분〉

1. 지괴에서 정자극기에 고지자기극이 향하는 방향과 역자극기에 향하는 방향은 반대 방향이다.

40 정답 : ③

〈문제 상황 파악하기〉

대륙 A는 회전 중심을 중심으로 θ만큼 시계 반대 방향으로 회전했다.

〈선지 판단하기〉

ㄱ 선지 지리상 북극은 ㉠에 해당한다. (O)

고지자기극은 항상 지괴가 형성된 시점의 지리상 북극을 향하는 것이다.

ㄴ 선지 고위도는 ㉡에 해당한다. (O)

각 시기별 지괴와 고지자기극의 거리를 이어보면 1억 년 전이 더 가까우므로 고위도에 위치한 것을 확인할 수 있다.

ㄷ 선지 A의 고지자기 복각은 1억 년 전이 현재보다 작다. (X)

대륙 A는 1억 년 전에 현재보다 고위도에 위치했으므로 A의 고지자기 복각은 1억 년 전이 현재보다 크다.

〈기출문항에서 가져가야 할 부분〉

1. 문항의 탐구 활동을 통해서 지괴가 제자리에서 회전하기뿐만 아니라 회전 중심을 중심으로 회전할 수도 있다고 평가원에서 제시한 문항이다.

41 정답 : ②

〈문제 상황 파악하기〉 (본문 p.70를 참고하도록 하자.)

일반적인 문항들과는 조금 다르게 고지자기극이 지리상 남극을 뜻하는 문항이다.

〈선지 판단하기〉

ㄱ 선지 500Ma에는 북반구에 위치하였다. (X)

지괴와 고지자기극의 거리를 파악해보면 500Ma에는 남반구에 위치한 것을 알 수 있다.

ㄴ 선지 복각의 절댓값은 300Ma일 때가 250Ma일 때보다 컸다. (O)

지괴 A와 300Ma 전 자남극 사이 거리보다 250Ma 전 자남극 사이 거리가 더 크므로 복각의 절댓값은 300Ma일 때가 250Ma일 때보다 크다고 판단할 수 있다.

ㄷ 선지 250Ma일 때는 170Ma일 때보다 북쪽에 위치하였다. (X)

지괴 A와 250Ma 전 자남극 사이 거리보다 170Ma 전 자남극 사이 거리가 더 크므로 250Ma일 때는 170Ma일 때보다 남쪽에 위치했다고 판단할 수 있다.

〈기출문항에서 가져가야 할 부분〉

1. 자남극, 자북극에 지괴가 가까울수록 복각의 절댓값은 크다.

2. ㄴ 선지와 ㄷ 선지가 비슷한 내용을 물어보는 것임을 파악하자.

42 정답 : ④

〈문제 상황 파악하기〉 (본문 p.65를 참고하도록 하자.)

열점의 위치는 변하지 않으므로 각 화산섬 A, B, C에서 조사한 고지자기 복각은 같다. 또한, 화산섬의 나이는 C가 가장 많고 A가 가장 적으므로 판의 이동 방향이 북쪽 방향이라고 판단할 수 있다.

〈선지 판단하기〉

ㄱ 선지 ㉠은 ㉡보다 작다. (X)

　　　　열점의 위치는 변하지 않으므로 ㉠과 ㉡은 같다고 판단할 수 있다.

ㄴ 선지 판의 이동 방향은 북쪽이다. (O)

　　　　가장 오래전에 생성된 화산섬인 C가 열점의 위도보다 북쪽에 위치하므로 판의 이동 방향은 북쪽이라고 판단할 수 있다.

ㄷ 선지 B에서 구한 고지자기극의 위도는 $80°N$이다. (O)

　　　　ㄷ 선지가 물어보고 있는 것은 B에서 구한 즉 15Ma의 고지자기극의 위치를 현재 측정했을 때 위도 $80°N$에 위치하는지 물어보는 선지이다. 문항의 발문에서 화산섬 A, B, C의 경도는 동일하다고 하였으므로 본문 p.의 그림과 같이 생각할 수 있다. 따라서 B에서 구한 고지자기극의 위도는 $80°N$이다.

〈기출문항에서 가져가야 할 부분〉

1. 열점에서 생성된 화산섬의 연령을 가지고 열점이 속한 판의 이동 방향을 파악할 수 있다.

2. 기출 선지에서 "~에서 구한 고지자기극의 위도는 ~이다."라고 선지가 나온다면 어떤 상황을 물어보는 선지인지 파악할 수 있어야 한다.

01 정답 : ⑤

〈문제 상황 파악하기〉

쇄설성 퇴적암의 예시로는 역암, 사암, 셰일이 있고, 유기적 퇴적암의 예시로는 처트, 석회암, 석탄이 있고, 화학적 퇴적암의 예시로는 석고, 석회암, 암염 등이 있다. 따라서 A는 유기적 퇴적암, B는 쇄설성 퇴적암이다.

〈선지 판단하기〉

ㄱ 선지   A는 유기적 퇴적암이다. (O)

A는 유기적 퇴적암의 분류이다.

ㄴ 선지   응회암은 B의 예이다. (O)

화산재가 쌓여서 만들어지는 응회암은 쇄설성 퇴적암의 한 종류이다.

ㄷ 선지   암염은 해수가 증발하여 침전된 물질이 굳어져 만들어질 수 있다. (O)

암염은 대부분 해수가 증발하여 침전된 물질이 굳어져 만들어진다.

〈기출문항에서 가져가야 할 부분〉

1. 쇄설성 퇴적암은 물리적 작용에 의해 만들어지는 퇴적암이다.

2. 화학적 퇴적암은 화학적 작용에 의해 만들어지는 퇴적암이다.

3. 유기적 퇴적암은 동물이나 식물 등 유기체의 사체로 만들어지는 퇴적암이다.

02 정답 : ④

〈문제 상황 파악하기〉

(가)는 건열의 퇴적 구조, (나)는 사층리의 퇴적 구조, (다)는 점이층리의 퇴적 구조이다.

〈선지 판단하기〉

ㄱ 선지 (가)는 심해 환경에서 생성된다. (X)

건열은 심해 환경에서는 생성될 수 없다. 건열은 지층이 수면 위로 드러난 건조한 환경에서 형성된다.

ㄴ 선지 (나)에서는 퇴적물의 공급 방향을 알 수 있다. (O)

사층리의 퇴적 방향은 기울기의 방향과 같다.

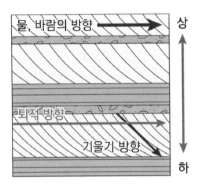

ㄷ 선지 (다)는 입자 크기에 따른 퇴적 속도 차이에 의해 생성된다. (O)

입자의 크기가 클수록 침강 속도가 빠르고, 입자의 크기가 작을수록 침강 속도가 느리기 때문에 입자 크기에 따른 퇴적 속도 차이가 발생한다.

〈기출문항에서 가져가야 할 부분〉

1. 건열은 건조한 환경에서 형성된다는 것을 알자.

2. 사층리는 얕은 물밑이나 사막 등 주로 작은 입자가 존재하는 지역에서 물의 흐름이나 바람에 의해 생성되는 퇴적 구조이다.

3. 점이층리는 수심이 깊은 지역에서 입자 크기에 따른 퇴적 속도 차이에 의해 생성되는 퇴적 구조이다.

03 정답 : ⑤

〈문제 상황 파악하기〉

모래로 이루어진 퇴적암이 만들어진다고 했으므로 사암의 퇴적 과정을 나타낸 것이다. 물리적 작용(압축 작용)과 화학적 작용(교결 작용)이 공극을 감소시킨다.

〈선지 판단하기〉

ㄱ 선지   A에 의해 공극이 감소한다. (O)

　　　　A 작용인 압축 작용(다짐 작용)에 의해서 공극이 감소한다.

ㄴ 선지   B에서 교결물은 모래 입자들을 결합시켜 주는 역할을 한다. (O)

　　　　B 작용에서 교결 물질은 모래 입자들을 결합시켜주고, 공극을 감소시키는 역할을 한다.

ㄷ 선지   이 과정에서 생성된 퇴적암은 사암이다. (O)

　　　　모래입자로 만들어진 퇴적암이므로 사암이다.

〈기출문항에서 가져가야 할 부분〉

퇴적암이 만들어지는 과정에서 물리적 작용이든 화학적 작용이든 모두 입자 사이의 공극을 감소시킨다. 또한, 교결 물질이 침투하는 화학적 과정은 입자끼리 결합시키는 작용도 한다.

04 정답 : ②

〈문제 상황 파악하기〉

긴 원통에 물을 채우고 다양한 크기의 입자를 넣는다고 했으니 점이층리의 퇴적 구조임을 알아야 한다.

〈선지 판단하기〉

ㄱ 선지   (나)에서 입자의 크기가 작을수록 아래에 쌓인다. (X)

　　　　입자의 크기가 작을수록 침강 속도가 느리므로 위에 쌓인다.

ㄴ 선지   사층리의 형성 과정을 설명할 수 있다. (X)

　　　　사층리가 아닌 점이층리의 형성 과정을 설명할 수 있다.

ㄷ 선지   이 퇴적 구조는 심해 환경에서 만들어질 수 있다. (O)

　　　　점이층리는 심해 환경에서 만들어질 수 있다.

〈기출문항에서 가져가야 할 부분〉

1. 점이층리의 형성 과정을 정확히 알고 있어야 한다.

05 정답 : ④

〈문제 상황 파악하기〉

사층리는 퇴적물의 퇴적 방향과 지층의 역전 여부를 알 수 있고, 건열은 지층의 역전 여부를 판단할 수 있다. 따라서 B, C 지층은 역전된 지층이라고 할 수 있다.

〈선지 판단하기〉

ㄱ 선지 A가 가장 오래전에 형성되었다. (X)

B, C 지층 모두 역전되었다. 따라서 이 지층은 전체가 역전되었다고 판단할 수 있으므로 지층의 생성 순서는 C→B→A이므로 A가 가장 최근에 형성되었다.

ㄴ 선지 B에서 퇴적 당시 유체의 이동 방향을 알 수 있다. (O)

B의 퇴적 구조는 사층리이므로 퇴적 당시 유체의 이동 방향을 알 수 있다.

ㄷ 선지 C가 형성되는 동안 건조한 시기가 있었다. (O)

건열은 건조한 환경에서 생성되므로 C가 형성되는 동안 건조한 시기가 분명히 존재했다.

〈기출문항에서 가져가야 할 부분〉

1. ㄱ 선지에 주목해서 문항에서 정확히 파악할 수 있는 조건들은 확실하게 파악하고, 여러 가지 경우의 수가 나올 수 있는 조건들은 선지에서 직접적, 간접적으로 물어볼 것이니 그때 가서 정확히 판단하자.

06 정답 : ③

〈문제 상황 파악하기〉

(가)는 연흔이고, (나)는 사층리이다. 사층리의 퇴적 구조를 보면 사층리의 퇴적 방향은 ㉡방향이다. 또한, 연흔과 사층리 모두 지층의 역전 여부를 판단할 수 있다.

〈선지 판단하기〉

ㄱ 선지 (가)는 주로 얕은 물 밑에서 형성된다. (O)

　　　　연흔은 얕은 물 밑에서 물결의 흐름에 따라 형성된다.

ㄴ 선지 (나)의 퇴적 당시 퇴적물 이동 방향은 ㉠이다. (X)

　　　　사층리의 퇴적 당시 퇴적물 이동 방향은 ㉡이다.

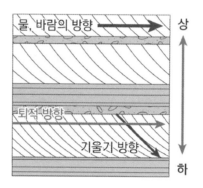

ㄷ 선지 (가)와 (나)는 지층의 상하 판단에 이용된다. (O)

　　　　연흔과 사층리는 지층의 역전 여부 즉 상하 판단에 이용된다.

〈기출문항에서 가져가야 할 부분〉

1. 지층의 역전 여부와 지층의 상하 판단은 같은 말이다. 지층의 아래, 위를 알아야 지층의 역전 여부 판단이 가능하다.

2. 연흔은 얕은 물 밑에서 물의 흐름으로 인해 지층에 흔적이 남는 것이다.

07 정답 : ③

〈문제 상황 파악하기〉

자료에 보이는 화석은 고생대에 번성한 삼엽충의 화석임을 알 수 있다.

〈선지 판단하기〉

ㄱ 선지 바다에서 퇴적되었다. (O)

삼엽충은 해양 생물이므로 자료의 퇴적층은 바다에서 퇴적된 것이다.

ㄴ 선지 생성 시기는 고생대이다. (O)

삼엽충은 고생대에 번성했던 생물이므로 지층은 고생대에 생성되었다고 판단할 수 있다.

ㄷ 선지 생성된 이후 심한 변성 작용을 받았다. (X)

변성 작용을 받는다면 지층에 화석의 흔적이 남아있을 수 없다.

〈기출문항에서 가져가야 할 부분〉

1. 변성 작용은 높은 압력과 열이 작용하는 작용이므로 지층이 변성 작용을 받는다면 퇴적층에 화석이 남아 있을 수 없다. 또한, 지층에 변성 작용이 작용하면 그 암석은 "변성암"이라고 한다.

08 정답 : ②

〈문제 상황 파악하기〉

A 지역은 연안 환경인 삼각주, B 지역은 해양 환경인 대륙대이다. (나)는 점이층리다.

〈선지 판단하기〉

ㄱ 선지 A는 선상지이다. (X)

A는 연안 환경인 삼각주이다.

ㄴ 선지 (나)로 지층의 역전 여부를 판단할 수 있다. (O)

점이층리를 통해 지층의 역전 여부를 판단할 수 있다.

ㄷ 선지 (나)와 같은 구조는 B보다 A에서 발견된다. (X)

점이층리는 A보다 B에서 더 잘 형성된다. 대륙 사면을 통해 입자들이 빠른 속도로 침강할 수 있기 때문이다.

〈기출문항에서 가져가야 할 부분〉

1. 삼각주는 유속이 갑자기 느려지면서 생기는 연안 환경이다.

2. 점이 층리는 수심이 급격히 변화하는 환경인 대륙 사면에서 형성되기 쉽다.

09 정답 : ③

〈문제 상황 파악하기〉

A의 퇴적 구조는 사층리이고, B의 퇴적 구조는 연흔이다. 그리고 해수면이 하강하고 있다는 조건에 주의해서 선지를 판단하자.

〈선지 판단하기〉

ㄱ 선지 (가)의 퇴적층 중 가장 얕은 수심에서 형성된 것은 이암층이다. (X)

　　　　 퇴적층의 퇴적 순서는 "이암 → 사암 → 역암" 순서이고, 이 과정 동안 해수면은 계속해서 하강하므로 가장 얕은 수심에서 형성된 것은 역암층이다.

ㄴ 선지 (나)의 A와 B는 주로 역암층에서 관찰된다. (X)

　　　　 연흔과 사층리 모두 유체에 의해 입자가 이동하면서 생성되는 퇴적 구조이다. 역암을 생성하는 입자는 크기가 크고 무거운 자갈이므로 유체에 의해 입자가 이동하기 힘들다.

ㄷ 선지 (나)의 A와 B 중 층리면에서 관찰되는 퇴적 구조는 B이다. (O)

　　　　 층리면은 퇴적 구조를 위에서 아래로 내려다볼 때 보이는 구조이므로 사층리보다는 연흔에서 층리면이 관측되기 쉽다.

〈기출문항에서 가져가야 할 부분〉

1. 지층을 위에서 내려다보는 구조는 층리면이고, 옆에서 바라보는 구조는 층리 단면이다.

10 정답 : ③

〈문제 상황 파악하기〉

(가) 자료를 보면 진흙층 사이에 모래층이 분포한다는 것을 파악할 수 있다. (나) 자료처럼 모래층이 속성 작용을 받아 사암층으로 변할 때 모래 입자 사이 공극의 부피가 감소한다.

〈선지 판단하기〉

ㄱ 선지 ⊙에 교결 물질이 침전된다. (O)

　　　　속성 과정 중에 "⊙=공극"에는 교결 물질이 침투하여 공극의 부피가 감소한다.

ㄴ 선지 밀도는 증가한다. (O)

　　　　밀도의 정의는 $밀도(\rho) = \dfrac{질량(m)}{부피(V)}$ 이며 속성 과정 중에 물리적, 화학적 작용으로 인해 공극의 부피가 감소하고 질량이 증가한다. 따라서 밀도(ρ)는 증가한다.

ㄷ 선지 단위 부피당 모래 입자의 개수는 A에서 B로 갈수록 감소한다. (X)

　　　　단위 부피당 모래 입자의 개수는 $\alpha = \dfrac{모래\ 입자의\ 개수}{부피}$ 이므로 A에서 B로 갈수록 모래 입자의 개수는 변화가 없지만, 부피는 매우 많이 감소하므로 단위 부피당 모래 입자의 개수는 A에서 B로 갈수록 증가한다.

〈기출문항에서 가져가야 할 부분〉

1. 속성 과정의 종류는 다짐 작용, 교결 작용이 있다.

2. 밀도의 정의는 $밀도(\rho) = \dfrac{질량(m)}{부피(V)}$ 이다.

3. "단위 α당 β"는 $\dfrac{\beta}{\alpha}$ 이다.

11 정답 : ③

〈문제 상황 파악하기〉

원통에 모래, 왕모래, 잔자갈을 넣고 흔들고 원통을 세워 두었다고 했으므로 앞에서 기출 문제를 풀었던 기억을 가지고 이 문항은 점이층리의 형성 과정에 대한 문제임을 파악해야 한다.

〈선지 판단하기〉

ㄱ 선지 '점이층리'는 ⊙에 해당한다. (O)

이 탐구 활동은 점이층리의 형성 과정에 대한 탐구 활동이다.

ㄴ 선지 '느리게'는 ⓒ에 해당한다. (X)

점이층리는 입자의 크기가 클수록 빠르게 가라앉고, 작을수록 느리게 가라앉기 때문에 생기는 퇴적 구조이다.

ㄷ 선지 경사가 급한 해저에서 빠르게 이동하던 퇴적물의 유속이 갑자기 느려지면서 퇴적되는 과정은 (나)에 해당한다. (O)

경사가 급한 해저에서 빠르게 이동하는 퇴적물을 저탁류라고 하며 저탁류의 유속이 갑자기 느려지면서 입자들이 크기에 따라서 다른 속도로 퇴적되는 과정이 (나) 과정이라고 할 수 있다.

〈기출문항에서 가져가야 할 부분〉

1. 경사가 급한 해저에서 빠르게 이동하는 퇴적물의 흐름을 "저탁류"라고 한다.
2. 여러 가지 기출 문제를 풀면서 기억해놓았다가 비슷한 내용의 문제에서 기억할 수 있어야 한다.

12 정답 : ①

〈문제 상황 파악하기〉

A 점토판은 말랑말랑하므로 횡압력이 작용하면 휘어질 것이고, B 점토판은 딱딱하기 때문에 횡압력이 작용하면 부러질 것이다.

발문에서 "지층 변형의 차이"를 알아보기 위한 실험이라고 했으므로 지온은 깊이가 깊어질수록 증가한다는 배경지식으로 지층의 상태는 지표 부근에서 딱딱하고 지구 내부에서는 지표 부근보다 말랑말랑하다고 판단할 수 있다. 따라서 B 점토판으로 단층이 만들어지는 실험을, A 점토판으로 습곡이 만들어지는 실험을 한다고 볼 수 있다.

〈선지 판단하기〉

ㄱ 선지   A는 지하 깊은 곳에서 변형되는 지층에 해당된다. (O)

　　　　 지하 깊은 곳은 온도가 높으므로 말랑말랑한 A이다.

ㄴ 선지   B는 정단층의 모양과 유사하게 변형된다. (X)

　　　　 B에는 횡압력이 작용하므로 역단층의 모양과 유사하게 변형될 것이다.

ㄷ 선지   A와 B는 주로 발산 경계에서 나타나는 변형에 해당한다. (X)

　　　　 발산형 경계에서는 양쪽으로 발산하는 판이 잡아당기는 장력이 주로 작용한다. 그러나 A와 B의 지층 변형은 횡압력이 작용하는 수렴형 경계에서 나타나는 변형이라고 할 수 있다.

〈기출문항에서 가져가야 할 부분〉

1. 차가운 지표면 부근에서 횡압력이 작용하면 역단층이, 장력이 작용하면 정단층이 형성된다.

2. 발문에서 "지표 부근과 지하 깊은 곳에서 일어나는 지층 변형의 차이를 알아보기 위한 실험"이라고 했으므로 [실험 과정]을 읽으면서 A와 B 중에 어떤 점토판이 지표 부근이고 지하 깊은 곳인지 파악해야 한다.

13 정답 : ⑤

〈문제 상황 파악하기〉

(가) 자료는 습곡, (나) 자료는 (주상)절리, (다) 자료는 포획임을 어렵지 않게 알 수 있다.

〈선지 판단하기〉

ㄱ 선지 (가)는 (나)보다 깊은 곳에서 형성되었다. (O)

   (가)는 12번 문제에서 풀었듯이 지하 깊은 곳에서 형성되는 습곡이고, (나) 자료는 모양으로 보아 지표 부근에서 빠르게 냉각되면서 형성되는 주상절리이다.

ㄴ 선지 (나)는 수축에 의해 형성되었다. (O)

   주상절리는 지표 부근에서 빠르게 냉각되면서 수축에 의해 만들어지는 절리이다.

ㄷ 선지 (다)에서 A는 B보다 먼저 생성되었다. (O)

   포획암은 마그마가 관입하면서 원래 주변부에 있던 암석이 떨어져 나와 포획되는 것이므로 A는 B보다 먼저 생성되었다.

〈기출문항에서 가져가야 할 부분〉

1. 주상절리는 지표 부근에서 빠른 냉각으로 인해 수축하면서 생성되는 절리로 우리나라에는 주로 신생대에 형성된 제주도에 많이 분포한다.

2. 관입한 마그마에 포획된 암석은 관입한 마그마보다 연령이 많다.

14 정답 : ④

〈문제 상황 파악하기〉

암염은 침전 물질이 침전되고 물이 증발하면서 만들어지는 화학적 퇴적암이다.

〈선지 판단하기〉

ㄱ 선지   A층에서는 엽리가 나타난다. (X)

층리가 수평 방향으로 나타난 퇴적의 흔적이라면 엽리는 수직 방향으로 나타난 변성의 흔적이다. 따라서 퇴적암인 A는 엽리가 아닌 층리가 나타난다.

ㄴ 선지   B층의 퇴적물 사이 공극의 크기는 (가) > (나) > (다)이다. (O)

기반암 위에 있는 B층 또한 (가)→(나)→(다) 과정에서 부피가 감소하고 있으므로 공극의 크기가 점차 감소하고 있다고 추측할 수 있다.

ㄷ 선지   이 과정을 통해 화학적 퇴적암이 생성되었다. (O)

암염은 화학적 퇴적암이다.

〈기출문항에서 가져가야 할 부분〉

1. 엽리는 2009 교육과정에 포함되어 있던 내용이다.
   하지만 2015 교육과정에는 빠져있으므로 그냥 "그렇구나~"하고 넘어가자.
2. 기반암은 변성암과 화성암으로 구성된 암석으로 그냥 지구과학I에서는 외력이 작용하더라도 변형되지 않는 암석이라고 생각하면 된다.

15 정답 : ⑤

〈문제 상황 파악하기〉

발문에서 "끝을 서서히 잡아당겨"라고 했으므로 장력이 작용한 것이다. 그리고 지점토 판을 자르고 위에 새로운 지점토 판을 얹었으므로 부정합의 과정과 유사하다는 것을 떠올리자.

〈선지 판단하기〉

ㄱ 선지   ㉠에 해당하는 힘은 횡압력이다. (X)

㉠에 해당하는 힘은 장력이다.

ㄴ 선지   (다)는 지층의 침식 과정에 해당한다. (O)

(다)는 지층을 자르는 과정이므로 침식 과정에 해당한다.

ㄷ 선지   (라)에서 부정합 형태의 지질 구조가 만들어진다. (O)

잘린 지점토 판 위에 새로운 지점토 판이 쌓이므로 (라)에서 부정합 형태의 지질 구조가 만들어진다고 판단할 수 있다.

〈기출문항에서 가져가야 할 부분〉

1. 탐구 활동, 실험 문제에 나오는 실험들을 알고 있는 개념에 바로바로 매칭시킬 수 있어야 한다.

16 정답 : ②

〈문제 상황 파악하기〉

지질 단면도가 자료로 주어졌으므로 지층의 상대연령을 파악하는 것이 중요하다. 퇴적구조인 연흔을 보고 지층의 역전을 파악할 수 있다. 또한, 지층 B, C 사이에 기저 역암이 존재하므로 지층 B, C 사이에는 역전이 존재하지 않는다. 따라서 B→연흔→A→부정합→C→단층(Q−Q′)→단층(P−P′) 순서로 지층이 생성된 것을 알 수 있다.

〈선지 판단하기〉

ㄱ 선지 기저 역암은 C와 동일한 암석이다. (X)

기저 역암은 지층에 역전이 없다면 기저 역암 밑에 위치하는 암석과 동일한 암석이다.

따라서 기저 역암은 B와 동일한 암석이다.

ㄴ 선지 지층의 퇴적 순서는 B → A → C이다. (O)

지층의 퇴적 순서는 B → A → C이다.

ㄷ 선지 단층 P−P′는 정단층, Q−Q′는 역단층이다. (X)

P 지역을 보면 단층 P−P′은 역단층, Q 지역을 보면 단층 Q−Q′은 역단층임을 알 수 있다.

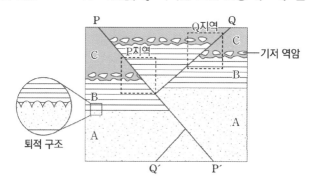

〈기출문항에서 가져가야 할 부분〉

1. 지층의 상대연령을 판단하는 자료를 준다면 침착하게 지층의 역전 여부를 먼저 판단하고, 대략적인 지층의 순서를 판단한 다음 지층의 변형 순서와 어떤 변형이 발생했는지 판단한다.

17 정답 : ④

〈문제 상황 파악하기〉

자료의 y축을 보고 연령이 증가하는 방향을 파악하고 T_1구간은 A에서 B로 갈수록 연령이 증가하는 것으로 보아 퇴적암이라고 추측할 수 있고, T_2, T_3, T_4구간은 A에서 B로 가더라도 연령이 일정한 것으로 보아 마그마가 냉각된 것으로 추측할 수 있다. 따라서 지층의 생성 순서는 $T_2 \rightarrow T_4 \rightarrow T_1 \rightarrow T_3$라고 할 수 있다.

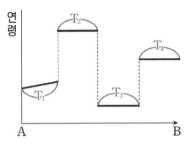

〈선지 판단하기〉

①, ③선지

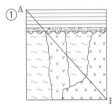 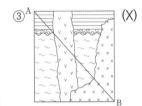

①, ③ 선지는 가장 먼저 생성되어야 할 T_2구간에 관입의 흔적이 나타나므로 답이 될 수 없다.

② 선지

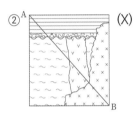

② 선지는 가장 최근에 생성되어야 할 T_3구간이 가장 최근에 생성되지 않았으므로 답이 될 수 없다.

⑤ 선지

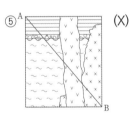

⑤ 선지는 T_1구간보다 먼저 생성되었어야 할 T_4구간이 T_1구간보다 나중에 생성되었으므로 답이 될 수 없다.

〈기출문항에서 가져가야 할 부분〉

1. 그래프 자료가 주어진다면 항상 축에 들어가는 물리량, 축의 증가 방향, 축의 스케일에 주의해야 한다.

2. 퇴적암은 지층의 역전이 없다면 아래쪽으로 갈수록 연령이 증가한다.

3. 화성암은 전체적인 연령이 같다고 자료에 주어진다. 하지만, 화성암의 냉각 과정에서 연령의 차이가 날 수 있으니 자료에 주의해서 문제를 풀도록 하자.

18 정답 : ⑤

〈문제 상황 파악하기〉

자료를 보니 부정합, 관입, 역단층의 흔적이 발견된다. 하지만 지층이 너무 많이 분포하고 있기 때문에 17번 문제처럼 지층의 상대연령을 먼저 파악하기보다 선지에서 물어보면 자료를 보고 파악하자.

〈선지 판단하기〉

ㄱ 선지 화성암 B는 A보다 먼저 관입하였다. (O)

화성암 B 생성 이후 습곡이 생성되었고, 습곡을 A가 관입하고 있는 모양이므로 화성암 B는 A보다 먼저 관입하였다.

ㄴ 선지 습곡은 단층보다 먼저 형성되었다. (O)

습곡이 단층에 의해 끊어진 흔적이 보이므로 습곡은 단층보다 먼저 형성되었다.

ㄷ 선지 최소한 3번의 융기가 있었다. (O)

부정합의 흔적이 2개가 관측되므로 최소한 3번의 융기가 있었다.

〈기출문항에서 가져가야 할 부분〉

1. 지층의 상대연령을 파악하는 문항에서 순서를 먼저 파악하고 들어갈지 아니면 선지에서 물어보면 그때 자료를 보고 판단할지는 기출 문항을 많이 풀어보면서 감각을 익히자.

2. 지층에 부정합면이 n번 관측된다면 해당 지층의 융기는 최소한 n + 1번이다.

19 정답 : ⑤

〈문제 상황 파악하기〉

지층의 생성 순서는 셰일 → 사암 → 화강암 → 부정합 → 이암인 것을 파악할 수 있어야 한다.

〈선지 판단하기〉

ㄱ 선지 ⊙ 시기에 융기와 침식 작용이 있었다. (O)

이암층과 사암층 사이에 기저 역암이 분포하는 것으로 보아 ⊙ 시기에 융기와 침식 작용이 작용하여 부정합이 형성되었다고 판단할 수 있다.

ㄴ 선지 사암층은 ⓒ 시기 중에 퇴적되었다. (O)

화강암과 셰일층 사이에는 사암층이 형성되었으므로 사암층은 ⓒ 시기에 퇴적되었다고 할 수 있다.

ㄷ 선지 셰일층은 건조한 환경에 노출된 적이 있었다. (O)

셰일층에 건열의 퇴적 구조가 발견되는 것으로 보아 셰일층은 건조한 환경에 노출된 적이 있었다.

〈기출문항에서 가져가야 할 부분〉

1. 자료에 나타나지 않았더라도 지층의 생성 순서를 보고 지층의 생성 시기를 파악할 수 있어야 한다.

20 정답 : ⑤

〈문제 상황 파악하기〉

습곡이 나타나고 정단층이 나타난 것으로 지층의 상대 연령을 비교하는 문항이다.

정단층은 장력의 영향을 받아 상반이 밑으로 하반이 위로 이동하는 단층이다. 따라서 정단층의 기하학적 특징으로 인해 연령의 분포는 다음과 같다. I, II, III, IV 구간 모두 같은 깊이에서 하반의 연령이 상반의 연령보다 많은 것을 알 수 있다.

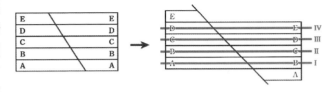

〈선지 판단하기〉

②,③,④선지

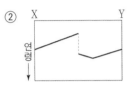 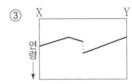 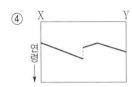

X-Y 구간의 가운데 쪽으로 갈수록 지층의 연령은 전반적으로 증가해야 한다. 따라서 ②, ③, ④선지는 답이 될 수 없다.

① 선지

중간에 끊기는 부분에서 X에서 Y 부근으로 넘어갈 때 연령이 바로 감소하는 것이 아닌 연령이 조금 증가해야 한다. (자료를 유심히 보면 단층면을 넘어가서 X-Y 점선이 습곡축면을 기준으로 다시 대칭인 것을 알 수 있다.)

⑤ 선지

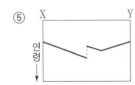

모든 조건을 고려했을 때 정답이 될 수 있는 선지는 ⑤이다.

〈기출문항에서 가져가야 할 부분〉

1. 실전에서 20번 문항은 일단 ②, ③, ④번 선지를 소거한 후에 ①번 선지와 ⑤번 선지의 차이점을 비교해 가며 답을 찾아야 하는 문항이었다. 지구과학I에서는 이런 문항이 충분히 출제될 수 있으므로 주의하자.

21 정답 : ②

〈문제 상황 파악하기〉

자료를 먼저 해석하고, 선지를 판단하기보다 선지를 먼저 보고 자료를 해석하는 것이 조금 더 효율적인 풀이 방법인 문제이다.

〈선지 판단하기〉

ㄱ 선지 ㉠은 ㉡보다 안정하다. (X)

^{12}C의 방사성 동위 원소인 ^{14}C가 안정해지기 위해서 붕괴하여 ^{14}N이 되었으므로 ^{14}C는 ^{14}N보다 불안정하다.

ㄴ 선지 ㉠의 반감기는 5730년이다. (O)

$\dfrac{\text{시료 내 } ^{14}C/^{12}C}{\text{대기 중 } ^{14}C/^{12}C}$ 의 값이 $\dfrac{1}{2}$ 이 되는 부분에서 시간(년)이 5730년이므로 ^{14}C의 반감기는 5730년이다.

ㄷ 선지 $^{14}C/^{12}C$의 값이 0.3×10^{-12}인 시료의 절대 연령은 17190년이다. (X)

$^{14}C/^{12}C$의 값이 0.3×10^{-12}인 시기에 $\dfrac{\text{시료 내 } ^{14}C/^{12}C}{\text{대기 중 } ^{14}C/^{12}C}$ 의 값은 $\dfrac{0.3 \times 10^{-12}}{1.2 \times 10^{-12}} = \dfrac{1}{4}$ 이므로 시료의 절대 연령은 11460년이다.

〈기출문항에서 가져가야 할 부분〉

1. 처음 접하는 내용의 탐구 활동 문항은 문항의 발문부터 탐구 활동의 내용까지 차분히 읽으면 충분히 풀이할 수 있는 난이도로 출제되므로 당황하지 말고 차분히 읽고 선지를 판단하자.

22 정답 : ②

〈문제 상황 파악하기〉

지질 단면도를 보면 지층의 상대연령은 A→B→C→E→D→부정합→G→F→부정합인 것을 알 수 있고 지층의 수평 퇴적의 법칙에 맞지 않게 지층이 기울어져 있으므로 지각 변동이 있었다는 것도 알 수 있다. 또한, 화성암 D, F의 절대 연령은 각각 2억, 1억 년이다.

〈선지 판단하기〉

ㄱ 선지 D는 E보다 먼저 생성되었다. (X)

   D 지층은 E 지층보다 나중에 생성되었다.

ㄴ 선지 D의 절대 연령은 2억 년이다. (O)

   지층 D의 모원소 : 자원소 = 1 : 3이므로 반감기가 2번 지났다. 따라서 절대 연령은 2억 년이다.

ㄷ 선지 G는 속씨식물이 번성한 시대에 생성되었다. (X)

   속씨식물이 번성한 시대는 신생대이므로 중생대에 속하는 지층 G는 속씨식물이 번성한 시대에 생성될 수 없다.

〈기출문항에서 가져가야 할 부분〉

1. 화성암이 관입했을 때 변성되는 부분이 있는지 보고 지층의 상대연령을 파악해야 한다.
   (위 문항에서는 D, E 지층이 이에 해당한다.)

23 정답 : ②

〈문제 상황 파악하기〉

지질 단면도를 보고 지층의 상대연령은 D→A→C→부정합→E→F→B인 것을 파악하고, 현재 C에 있는
X와 Y의 함량은 같다고 했으므로 C의 절대 연령은 1억 년이다.

〈선지 판단하기〉

ㄱ 선지 D는 화폐석이 번성하던 시대에 생성되었다. (X)

C가 생성된 것은 1억 년 전이고, 화폐석은 신생대에 번성했으므로 C보다 먼저 생성된 D는 화폐
석이 번성하던 시대에 생성되었을 리 없다.

ㄴ 선지 $\dfrac{\text{Y의 함량}}{\text{X의 함량}}$ 은 A가 B보다 크다. (O)

화성암 A, B, C의 생성 순서는 A→C→B이고, 시간이 지남에 따라서 모원소가 자원소로 바뀌므
로 화성암 A, B, C의 모원소, 자원소의 변화는 다음 표와 같다.

	A	C	B
자원소(Y)	50% ↑	50%	50% ↓
모원소(X)	50% ↓	50%	50% ↑
$\dfrac{\text{Y의 함량}}{\text{X의 함량}}$	1 ↑	1	1 ↓

ㄷ 선지 암석의 생성 순서는 D → A → C → E → B → F이다. (X)

암석의 생성 순서는 D→A→C→E→F→B이다.

〈기출문항에서 가져가야 할 부분〉

1. C, E 지층 사이를 보면 관입한 화성암인 C가 깔끔하게 잘린 것을 보고 부정합의 흔적임을 알 수 있어야
한다. (관입한 화성암이 깔끔하게 수평으로 냉각되는 것은 불가능하다.)

24 정답 : ④

〈문제 상황 파악하기〉

지질 단면도를 보면 지층의 생성 순서는 A→부정합→B→R→부정합→C→P→부정합→D→Q임을 알 수 있다. 또한, 지층이 기울어져 있는 것을 보면 지층이 습곡작용을 받았다고 판단할 수 있다.

〈선지 판단하기〉

ㄱ 선지 이 지역에서는 최소한 4회 이상의 융기가 있었다. (O)

　　　　부정합면이 3개 존재하므로 이 지역에서 융기는 최소한 4회 있었다고 할 수 있다.

ㄴ 선지 P의 절대 연령/Q의 절대 연령은 2보다 크다. (O)

　　　　방사성 원소 X의 반감기를 T라고 한다면 표와 같은 판단이 가능하다.

　　　　따라서 (P의 절대 연령/Q의 절대 연령)의 값은 2보다 큰 것을 알 수 있다.

구분	방사성 원소 X(%)	자원소(%)	나이
P	24	76	2T ↑
Q	52	48	T ↓

ㄷ 선지 지층과 암석의 생성 순서는 A → B → C → R → P → D→ Q이다. (X)

　　　　지층과 암석의 생성 순서는 A→B→R→C→P→D→Q이다.

〈기출문항에서 가져가야 할 부분〉

1. 관입한 암석에 부정합의 흔적이 나타나면 그 부정합을 난정합이라고 한다.
　 따라서 B, C 지층에 R 혹은 C, D 지층에 P가 있는 부정합 부분은 난정합이라고 할 수 있다.

2. 습곡작용에 의해 기울어진 지층에 부정합이 나타나면 그 부정합을 경사부정합이라고 한다.
　 따라서 B, D 사이 부정합을 경사부정합이라고 한다.

25 정답 : ③

〈문제 상황 파악하기〉

(가) 자료는 마그마가 생성되는 시기라고 했으므로 (가) 자료에서 암석의 나이는 0년이다.

T_P = P의 반감기, T_Q= Q의 반감기라 할 때 (나) 자료의 방사성 원소 P, Q와 P′, Q′의 비율을 보면 (나) 자료에서 암석의 나이는 ($2T_P = T_Q$)년이다.

(나) 자료에서 Q와 Q′의 비는 1:1이고, P와 P′의 비는 1:3이므로 방사성 원소 P는 반감기가 2번, Q는 반감기가 1번 지났다고 판단할 수 있다.

〈선지 판단하기〉

ㄱ 선지 반감기는 P가 Q보다 짧다. (O)

  $2T_P = T_Q$이므로 반감기는 P가 Q보다 짧다.

ㄴ 선지 (나)의 화성암의 절대 연령은 P의 반감기의 약 2배이다. (O)

  (나)의 화성암의 절대 연령은 P의 반감기의 2배와 같다.

ㄷ 선지 (가)에서 광물 속 P의 양이 많을수록 P와 P'의 양이 같아질 때까지 걸리는 시간이 길어진다. (X)

  모원소인 P의 양이 많아지더라도 P와 P′의 양이 같아지는 시간은 같다.

〈기출문항에서 가져가야 할 부분〉

1. 모원소의 양이 아무리 많더라도 반감기는 일정하다.

26 정답 : ③

〈문제 상황 파악하기〉

A가 B를 관입하고 있다고 하였으므로 생성 순서는 B→A이고, 지층 B와 C는 부정합으로 만나고 있다고 했으므로 지층의 생성 순서는 B→C이다. (만약 C 지층이 먼저 생성되고, 부정합이 나타난 후 화성암이 B가 냉각된다면 그 부분은 부정합의 흔적이 변성 작용 때문에 사라질 것이다.)

또한, 화성암 A, B에 어떤 방사성 원소 X, Y가 포함되어 있는지 찾아야 한다. 아래 표를 통해 A의 절대 연령은 약 1.2억 년, B의 절대 연령은 2억 년임을 알 수 있다.

대략적인 절대 연령	X	Y
20%	1.2억	4.5억
50%	0.5억	2억

〈선지 판단하기〉

ㄱ 선지 A에 포함된 방사성 원소의 붕괴 곡선은 X이다. (O)

A가 B보다 나중에 생성된 암석이므로 A의 방사성 원소의 함량이 20%이어야 하므로 화강암 A는 방사성 원소 X를 포함한다고 판단할 수 있다.

ㄴ 선지 가장 오래된 암석은 B이다. (O)

지층의 상대연령을 파악하면 A, B, C 중 가장 오래된 암석은 B임을 알 수 있다.

ㄷ 선지 C는 고생대 암석이다. (X)

B의 절대 연령이 2억 년이고, 지층의 생성 순서가 B→C이므로 C는 고생대 암석이라고 할 수 없다.

〈기출문항에서 가져가야 할 부분〉

1. 반감기가 다른 두 동위 원소가 주어지고 각각의 모원소의 함량이 다를 때 대부분의 문항은 위의 표와 같은 연령 배치에서 대각선으로 매칭되는 것을 알고 있어야 한다.

2. 지층의 단면도를 주고 지층의 상대연령을 파악할 수도 있지만 26번처럼 암석의 절대 연령을 알고 있다면 지층의 지표를 보고서도 지층의 생성 순서를 파악할 수 있다.

27 정답 : ①

〈문제 상황 파악하기〉

A의 반감기는 $T_A = 7.0$억 년, B의 반감기는 $T_B = 0.5$억 년인 것을 알 수 있다.

〈선지 판단하기〉

ㄱ 선지 반감기는 A가 B의 14배이다. (O)

A의 반감기는 $T_A = 7.0$억 년이고, B의 반감기는 $T_B = 0.5$억 년이므로 $0.5 \times 14 = 7.0$인 것을 알 수 있다.

ㄴ 선지 7억 년 전 생성된 화성암에 포함된 A는 두 번의 반감기를 거쳤다. (X)

7억 년 전에 생성된 화성암에 포함된 A는 한 번의 반감기를 거쳤다.

ㄷ 선지 암석에 포함된 $\dfrac{\text{B의 양}}{\text{B의 자원소양}}$이 $\dfrac{1}{4}$로 되는 데 걸리는 시간은 1억 년이다. (X)

암석에 포함된 $\dfrac{\text{B의 양}}{\text{B의 자원소양}}$이 $\dfrac{1}{3}$이 되는데 걸리는 시간이 1억 년이다.

($\dfrac{\text{B의 양}}{\text{B의 자원소양}}$이 $\dfrac{1}{4}$로 되는 데 걸리는 시간은 $0.5 \times \log_2 5$억 년이다. $\left(\dfrac{1}{2}\right)^{\frac{\text{절대 연령}(t)}{0.5\text{억 년}}} = \dfrac{1}{5}$)

〈기출문항에서 가져가야 할 부분〉

반감기가 n번인 암석에서 모원소의 비율은 $\dfrac{1}{2^n}$이고, 자원소의 비율은 $\dfrac{2^n - 1}{2^n}$이다.

반감기 횟수	1	2	3	...	n
모원소의 비율	1	1	1	...	1
자원소의 비율	1	3	7	...	$2^n - 1$

28 정답 : ④

〈문제 상황 파악하기〉

지층의 생성 순서는 F→부정합→E→D→$f-f'$(역단층)→부정합→C→B→A→G이다.

또한, 지층 D 위에 기저 역암에 F, E, D가 포함된 것이 기존에 풀던 기출문제와는 조금 다른 것 같다.

그리고 X의 반감기가 1억 년이므로 G의 절대 연령(t_1)은 1억 년이고, F의 절대 연령(t_2)은 2억 년이다.

〈선지 판단하기〉

ㄱ 선지 A는 고생대에 퇴적되었다. (X)

　　　　F와 G사이에 존재하는 A의 절대 연령은 2억~1억년 이므로 A는 고생대에 퇴적될 수 없다.

ㄴ 선지 D가 퇴적된 이후 $f-f'$이 형성되었다. (O)

　　　　D의 지층이 끊겨 있으므로 D가 퇴적된 이후 역단층인 단층 $f-f'$가 형성되었다.

ㄷ 선지 단층 상반에 위치한 F는 최소 2회 육상에 노출되었다. (O)

　　　　지층 F, E사이에서 부정합면이 하나 존재하므로 E가 퇴적되기 전에 F는 육상에서 침식 작용을 받으므로 육상에 1회 노출되었고, C, D, F사이에 부정합면이 하나 더 존재하므로 C가 퇴적되기 전에 F, D는 육상에서 침식 작용을 받으므로 육상에 2회 노출되었다.

〈기출문항에서 가져가야 할 부분〉

"융기"와 "육상에 노출~"의 차이

1. 부정합면이 n번이면 융기는 n+1번이라고 알고 있을 것이다. 하지만, 융기와 육상에 노출된 것은 다르다. 융기는 말 그대로 지층이 올라온 것을 말하지만 육상에 노출된 것은 지층이 대기와 맞닿은 상태라고 생각하면 된다. 그러니 이 문항에서 지층 F의 상반 위에 C가 퇴적되었으므로 지층 F의 상반은 대기와 2번만 닿을 수 있다.

29 정답 : ④

〈문제 상황 파악하기〉

깊이가 증가할 때 연령이 증가하는 것으로 보아 지층 A, C는 퇴적암이고, 연령이 일정한 B, D는 마그마가 관입해서 냉각된 것이라고 파악할 수 있다. 그리고 화성암의 절대 연령은 D가 B보다 많으므로 B는 방사성 원소 Y가 처음 양의 50%, D가 방사성 원소 X가 처음 양의 25%라고 판단할 수 있다.

〈선지 판단하기〉

ㄱ 선지 A층 하부의 기저 역암에는 B의 암석 조각이 있다. (X)

  암석의 생성 시기가 A가 먼저이므로 B의 암석 조각이 존재할 수 없다.

ㄴ 선지 반감기는 X가 Y의 2배이다. (O)

  X의 반감기는 2억 년이고, Y의 반감기는 1억 년이므로 반감기는 X가 Y의 2배이다.

ㄷ 선지 B와 D의 연령 차는 3억 년이다. (O)

  B의 절대 연령은 1억 년이고, D의 절대 연령은 4억 년이므로 B와 D의 연령 차는 3억 년이다.

〈기출문항에서 가져가야 할 부분〉

1. 지문에서 퇴적암의 종류를 주지 않더라도 (가)와 같은 그래프를 보고 퇴적암과 화성암을 구분할 수 있어야 한다.

30 정답 : ⑤

〈문제 상황 파악하기〉

지질 단면도에서 2개의 부정합면을 볼 수 있다. 또한, 오른쪽 표를 보면 Q의 절대 연령은 2억 년, P의 절대 연령은 1억 년인 것을 알 수 있다.

구분	X	Y
50%	2억	0.5억
25%	4억	1억

〈선지 판단하기〉

ㄱ 선지 이 지역은 3번 이상 융기하였다. (O)

　　　　부정합면이 2개 관측되므로 이 지역은 최소한 3번은 융기했다.

ㄴ 선지 P에 포함되어 있는 방사성 원소는 X이다. (X)

　　　　P에 포함되어 있는 방사성 원소는 Y이다.

ㄷ 선지 앞으로 2억 년 후의 $\dfrac{\text{Y의 양}}{\text{X의 양}}$ 은 $\dfrac{1}{16}$ 이다. (O)

　　　　현재 X의 양은 $\dfrac{1}{2}$ 이고, Y의 양은 $\dfrac{1}{4}$ 인데 X의 반감기는 2억 년이고, Y의 반감기는 0.5억 년이므

　　　　로 앞으로 2억년 후의 X의 양은 $\dfrac{1}{4}$ 이고, Y의 양은 $\dfrac{1}{64}$ 이다. 따라서 $\dfrac{\frac{1}{64}}{\frac{1}{4}}=\dfrac{1}{64}\times\dfrac{4}{1}=\dfrac{1}{16}$ 이다.

〈기출문항에서 가져가야 할 부분〉

1. 반감기가 n번 지난 암석에서 모원소(방사성 원소)의 비율은 $\left(\dfrac{1}{2}\right)^{n}$ 이다.

31 정답 : ⑤

〈문제 상황 파악하기〉

나무의 나이테 지수가 증가하면 해당 시기 지역의 기후는 온난한 기후라고 판단할 수 있고, 남반구와 북반구의 계절이 반대인 것을 이용하여 선지를 판단하자.

〈선지 판단하기〉

ㄱ 선지 A의 기온은 ㉠ 시기가 ㉡ 시기보다 낮다. (O)

   기온 편차는 (관측값-평년값)이므로 A의 기온은 ㉠시기가 ㉡시기보다 낮다.

ㄴ 선지 기온 편차의 최댓값과 최솟값의 차는 A가 B보다 작다. (X)

   A, B 지역에서 최댓값, 최솟값은 아래 자료와 같으므로 기온 편차의 최댓값과 최솟값의 차는 A가 B보다 크다.

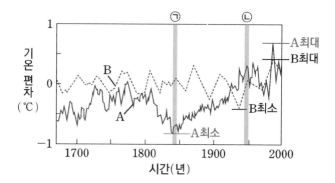

ㄷ 선지 ㉠ 시기의 나이테 지수와 ㉡ 시기의 나이테 지수의 차는 B가 A보다 작을 것이다. (O)

   나무의 나이테 지수는 기온에 비례하므로 ㉠시기의 나이테 지수와 ㉡시기의 나이테 지수의 차는 B가 A보다 작다.

〈기출문항에서 가져가야 할 부분〉

1. 기온이 높을수록 나무는 성장을 많이 하므로 기온과 나무 나이테 지수는 비례 관계이다.

32 정답 : ③

〈문제 상황 파악하기〉

선지를 먼저 보고 선지의 내용을 자료에서 판단하면 된다.

〈선지 판단하기〉

① 선지 최초의 다세포 생물이 출현한 지질 시대는 ㉠이다. (X)

        최초의 다세포 생물이 출현한 지질 시대는 원생 누대인 ㉡이다.

② 선지 생물의 광합성이 최초로 일어난 지질 시대는 ㉡이다. (X)

        생물의 광합성이 최초로 일어난 지질 시대는 남세균이 출현한 ㉠이다.

③ 선지 최초의 육상 식물이 출현한 지질 시대는 ㉢이다. (O)

        최초의 육상 식물은 오존층이 생성된 고생대에 출현하였다.

④ 선지 빙하기가 없었던 지질 시대는 ㉢이다. (X)

        고생대, 중생대, 신생대 중에서 빙하기가 없었던 지질 시대는 중생대밖에 없다.

⑤ 선지 방추충이 번성한 지질 시대는 ㉣이다. (X)

        방추충은 고생대인 ㉢시기에 번성하였다.

〈기출문항에서 가져가야 할 부분〉

1. 지질 시대의 순서를 암기하고 있어야 한다.

    (시생 누대 → 원생 누대 → 고생대 → 중생대 → 신생대)

33 정답 : ⑤

〈문제 상황 파악하기〉

현생 이언은 현생 누대 즉, 5.4억 년 전 생물의 다양성이 급증한 캄브리아기 대폭발이 있었던 캄브리아기 이후를 의미한다.

〈선지 판단하기〉

ㄱ 선지 판게아의 형성은 페름기 말 생물 종류의 수를 감소시켰다. (O)

판게아의 형성은 대륙붕에 서식하는 생물 종류의 수를 감소시켰다.

ㄴ 선지 A~C 중 중생대의 표준 화석으로 적합한 생물은 C이다. (O)

C 생물은 트라이아스기, 쥐라기, 백악기에 존재한 생물이므로 중생대의 표준 화석으로 적합하다.

ㄷ 선지 지질 시대의 구분 기준으로는 육상 식물보다 해양 동물 종류의 수 변화가 더 적합하다. (O)

육상 생물 종류의 수는 지속적으로 증가하는 반면에 해양 동물 종류의 수는 지질 시대가 변화할 때 해양 생물 종류의 수가 급격히 감소하므로 지질 시대의 구분 기준으로는 육상 식물보다 해양 동물 종류의 수 변화가 더 적합하다고 판단할 수 있다.

〈기출문항에서 가져가야 할 부분〉

1. 지질 시대에는 5개의 멸종이 있었고 각각 어떤 시기인지 알아야 한다.
   (오르도비스기 말, 데본기 말, 페름기 말, 트라이아스기 말, 백악기 말)
2. 표준 화석은 분포 면적이 넓고, 생존 기간이 짧아서 지질 시대를 파악하기 좋은 화석이다.
3. 시상 화석은 분포 면적이 좁고, 생존 기간이 길어서 지질 환경을 파악하기 좋은 화석이다.

34 정답 : ①

〈문제 상황 파악하기〉

삼엽충은 고생대에만 생존한 생물이므로 A는 삼엽충, B는 완족류인 것을 파악할 수 있다. 또한 (나) 자료를 보고 5대 멸종 시기를 모두 기억해 내야 한다. 오르도비스기 말, 데본기 말, 페름기 말, 트라이아스기 말, 백악기 말에 발생한 멸종이 5대 멸종이고, 페름기 말에 판게아가 생성되면서 가장 큰 멸종이 있었다.

〈선지 판단하기〉

ㄱ 선지 (가)에서 A는 삼엽충이다. (O)

A는 삼엽충이라고 판단할 수 있다.

ㄴ 선지 (나)에서 ㉠ 시기에 갑주어가 멸종하였다. (X)

㉠ 시기는 오르도비스기 말이고, 갑주어가 멸종한 시기는 데본기 말이다.

ㄷ 선지 B의 과의 수는 공룡이 멸종한 시기에 가장 많이 감소하였다. (X)

공룡이 멸종한 시기는 중생대 말 대략 0.66억 년 전이고, B의 과의 수는 중생대 초반에 가장 많이 감소하였다.

〈기출문항에서 가져가야 할 부분〉

1. 지질 시대에는 5개의 멸종이 있었고 각각 어떤 시기인지 알아야 한다.
   (오르도비스기 말, 데본기 말, 페름기 말, 트라이아스기 말, 백악기 말)

35 정답 : ②

Ⅰ에서 Ⅴ로 갈수록 최근 지질 시대이다.

〈선지 판단하기〉

ㄱ 선지 가장 오래된 지층은 지역 ㉠에 분포한다. (X)

　　　　a 생물 화석이 가장 오래전에 생존한 생물이므로 a 화석이 존재하지 않는 지역 ㉠에는 가장 오래된 지층이 분포하지 않는다.

ㄴ 선지 세 지역 모두 Ⅲ시대에 생성된 지층이 존재한다. (O)

　　　　Ⅲ지질 시대에 생존한 화석은 b, c, d이고 세 지역 모두에 화석 b와 d가 동시에 존재하는 지층이 존재하므로 세 지역 모두 Ⅲ시대에 생성된 지층이 존재한다.

ㄷ 선지 지역 ㉡에서는 Ⅴ시대에 살았던 d가 산출된다. (X)

　　　　d 화석이 Ⅴ시대에 존재할 수 있지만, 지역 ㉡에서 가장 나중에 쌓인 d는 c 화석과 같이 존재하므로 각 지질 시대는 Ⅲ지질 시대와 Ⅳ지질 시대인 것을 알 수 있다.

〈기출문항에서 가져가야 할 부분〉

1. 각각의 지질 시대에 겹치는 화석을 가지고 정확한 지질 시대에 관한 판단을 할 수 있어야 한다.

2. 파악할 자료에서 파악할 내용이 너무 많다고 판단된다면 선지를 먼저 보고 자료를 선지에 맞춰서 해석하는 것 또한 문제를 푸는 방법의 하나다.

36 정답 : ②

〈문제 상황 파악하기〉

해수면 높이, 기온 편차, CO_2농도에 대한 자료가 대체로 비례하는 경향을 띠고 있는 것을 파악해야 한다.

〈선지 판단하기〉

ㄱ 선지 빙하 코어 속 얼음의 산소 동위 원소비($^{18}O/^{16}O$)는 A가 B보다 크다. (X)

A 시기는 평년보다 온도가 낮은 시기인 것을 알 수 있다. 따라서 A 시기에 빙하 코어 속 얼음의 산소 동위 원소비($^{18}O/^{16}O$)는 작고, B 시기는 평년보다 온도가 높은 시기인 것을 알 수 있으므로 B 시기에 빙하 코어 속 얼음의 산소 동위 원소비($^{18}O/^{16}O$)는 크다.

ㄴ 선지 대륙 빙하의 면적은 A가 B보다 넓다. (O)

A 시기는 B 시기보다 평균적인 기온이 낮은 시기이므로 대륙 빙하의 면적은 A가 B보다 넓다.

ㄷ 선지 CO_2 농도가 높은 시기에 평균 기온이 낮다. (X)

해수면 높이, 기온 편차, CO_2농도는 비례하는 경향을 띠고 있으므로 CO_2농도가 높은 시기에 평균 기온은 높다.

〈기출문항에서 가져가야 할 부분〉

1. 기온이 높은 시기에는 해양에서 대기로 이동하는 ^{18}O의 양이 증가하고, ^{18}O의 양이 많은 대기에서 나타나는 강수 현상에는 ($^{18}O/^{16}O$)의 비율이 높으므로 빙하 코어 속 얼음의 산소 동위 원소비($^{18}O/^{16}O$)는 증가한다.

2. 기온이 낮은 시기에는 해양에서 대기로 이동하는 ^{18}O의 양이 감소하고, ^{18}O의 양이 많은 대기에서 나타나는 강수 현상에는 ($^{18}O/^{16}O$)의 비율이 높으므로 빙하 코어 속 얼음의 산소 동위 원소비($^{18}O/^{16}O$)는 감소한다.

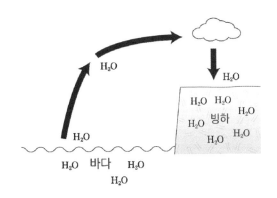

▲ 지구의 기온이 높았던 시기

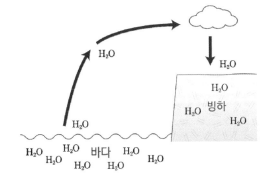

▲ 지구의 기온이 낮았던 시기

37 정답 : ②

〈문제 상황 파악하기〉

기온 편차와 CO_2농도는 비례하는 경향을 띠고 있고, 기온 편차와 산소 동위 원소비는 반비례하는 경향을 띠고 있음을 파악해야 한다.

〈선지 판단하기〉

ㄱ 선지 이 기간 동안에 대기 중의 CO_2 평균 농도는 현재보다 높다. (X)

이 기간 동안에 대기 중의 CO_2 평균 농도를 자료에 표시하면 대기 중의 CO_2 평균 농도는 현재보다 낮다는 것을 알 수 있다.

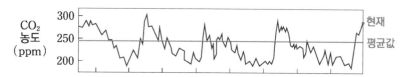

ㄴ 선지 35만 년 전에 빙하의 면적은 현재보다 넓었다. (O)

현재 기온 편차가 0이고, 35만 년 전의 기온 편차는 음(-)이므로 기온은 35만 년 전이 현재보다 낮았다고 판단할 수 있다. 따라서 35만 년 전의 빙하의 면적은 현재보다 넓었다고 판단할 수 있다.

ㄷ 선지 해양 생물의 산소 동위 원소 비는 간빙기가 빙하기보다 높았다. (X)

기온 편차와 해양 생물의 산소 동위 원소비는 반비례하는 경향을 띠고 있으므로 산소 동위 원소비는 빙하기가 간빙기보다 높았다.

〈기출문항에서 가져가야 할 부분〉

1. 36번 문항에서 말한 산소 동위 원소비는 대기 중 동위 원소비고, 37번 문항에서 말하는 산소 동위 원소비는 해양 생물의 껍질에서 측정한 동위 원소비이다. 산소 동위 원소비를 어디서 측정하느냐에 따라서 비례, 반비례 경향이 달라지므로 주의하자.

38 정답 : ③

〈문제 상황 파악하기〉

문항의 자료는 "동물과의 수"를 나타낸 자료이므로 동물과의 수가 급격히 감소하는 부분은 생물의 멸종이 있던 시기라고 판단할 수 있다.

〈선지 판단하기〉

ㄱ 선지 A 시기에 육상 동물이 출현하였다. (X)

A 시기는 고생대 초기이고 고생대 초기에는 오존(O_3)층이 형성되지 않았으므로 육상 동물이 출현할 수 없다.

ㄴ 선지 동물과의 멸종 비율은 B 시기가 C 시기보다 크다. (X)

동물과의 멸종 비율은 B 시기보다 C 시기가 크다. B 시기의 멸종은 오르도비스기 말에 일어난 대멸종, C 시기의 멸종은 페름기 말에 일어난 대멸종이라고 판단할 수 있다.

ㄷ 선지 D 시기에 공룡이 멸종하였다. (O)

D 시기는 중생대 말이므로 공룡이 멸종하였다.

〈기출문항에서 가져가야 할 부분〉

1. 지질 시대에는 5개의 멸종이 있었고 각각 어떤 시기인지 알아야 한다.
   (오르도비스기 말, 데본기 말, 페름기 말, 트라이아스기 말, 백악기 말)

2. 육상 생물이 존재하기 위해서는 오존층에서 자외선을 흡수해 주어야 한다. 따라서 오존층이 생성된 이후에 육상 생물이 출현할 수 있다.

3. 오존층이 형성된 시기는 대략 4.2억 년 전이다.

39 정답 : ①

〈문제 상황 파악하기〉

스트로마톨라이트는 광합성 하는 남세균이 만든 암석이다. 시생 누대는 대륙 지각이 형성된 시대이고, 원생 누대는 에디아카라 동물군이 출현한 시기, 현생 누대(페름기)는 겉씨식물이 출현한 시기이다.

〈선지 판단하기〉

ㄱ 선지   ㉠은 A 누대에 출현하였다. (O)

　　　　스트로마톨라이트 즉 남세균은 시생 누대에 출현했다.

ㄴ 선지   지질 시대의 길이는 A 누대가 C 누대보다 짧다. (X)

　　　　지질 시대의 길이는 다음과 같다. 따라서 지질 시대의 길이는 원생 누대 → 시생 누대 → 현생 누대 순서로 짧아진다.

ㄷ 선지   B 누대에는 초대륙이 존재하지 않았다. (X)

　　　　B(원생 누대)에는 로디니아라는 초대륙이 약 12억 년 전에 존재했다.

〈기출문항에서 가져가야 할 부분〉

1. 지질 시대의 길이를 암기할 수 있어야 한다.

40 정답 : ④

〈문제 상황 파악하기〉

A 누대는 시생 누대, B 누대는 원생 누대, C 누대는 현생 누대인 것을 알 수 있다.

〈선지 판단하기〉

ㄱ 선지   대기 중 산소의 농도는 A 시기가 B 시기보다 높았다. (X)

　　　　A 시기부터 광합성을 하는 생물이 출현하였으므로 대기 중 산소의 농도는 A 시기보다 B 시기가 높았다.

ㄴ 선지   다세포 동물은 B 시기에 출현했다. (O)

　　　　다세포 동물(에디아카라 동물군)은 원생 누대에 출현했다.

ㄷ 선지   가장 큰 규모의 대멸종은 C 시기에 발생했다. (O)

　　　　가장 큰 규모의 대멸종은 페름기 말에 일어났고, 페름기는 현생 누대에 속한다.

〈기출문항에서 가져가야 할 부분〉

1. 지질 시대에 존재했던 사건들에 대해서 암기할 수 있어야 한다.

41 정답 : ④

〈문제 상황 파악하기〉

가장 긴 생존 기간을 가지고 있는 A가 어류이고, 가장 짧은 생존 시간을 가지고 있는 C가 포유류이다. 따라서 B는 파충류다.

〈선지 판단하기〉

ㄱ 선지 A는 어류이다. (O)

어류는 고생대에 출현해서 고생대부터 현재까지 쭉 생존한 생물이다.

ㄴ 선지 C는 신생대에 번성하였다. (O)

포유류는 신생대에 번성하였다.

ㄷ 선지 B가 최초로 출현한 시기와 C가 최초로 출현한 시기 사이에 히말라야산맥이 형성되었다. (X)

히말라야산맥은 신생대에 생성되었다.

〈기출문항에서 가져가야 할 부분〉

1. 각 시대를 대표하는 생물의 출현 시기와 번성 시기는 대부분 1개의 시대 차이가 난다.

   ex) 파충류는 고생대에 출현해서 중생대에 번성했다.

2. 히말라야산맥은 인도 대륙이 북상하다가 아시아 대륙과 부딪혀 신생대에 만들어졌다.

42 정답 : ⑤

〈문제 상황 파악하기〉

삼엽충은 고생대에 출현했고, 방추충은 고생대 말에 멸종했고, 화폐석의 멸종은 신생대에 일어났으므로 A는 고생대, B는 중생대+신생대라고 판단할 수 있다.

〈선지 판단하기〉

ㄱ 선지 A 기간에 최초의 척추동물이 출현하였다. (O)

고생대에는 최초의 척추동물인 어류가 출현했다.

ㄴ 선지 B 기간에 판게아가 분리되기 시작하였다. (O)

판게아의 분리는 중생대 초기에 일어났다.

ㄷ 선지 B 기간의 지층에서는 양치식물 화석이 발견된다. (O)

양치식물은 고생대부터 현재까지도 생존하고 있다.

〈기출문항에서 가져가야 할 부분〉

왼쪽 같은 식물이 양치식물이다. 양치식물은 고생대에 번성해서 현재까지도 생존하고 있는 생물이다. 가장 흔한 양치식물에는 고사리가 있다.

01 정답 : ③

〈문제 상황 파악하기〉

Q의 절대 연령은 4억 년이라고 판단할 수 있다. 또한, 지층의 생성 순서는
E → D → C → 습곡 → 부정합 → B → A → 정단층 → P → Q(4억 년)이다.

〈선지 판단하기〉

① 선지   A는 단층 형성 이후에 퇴적되었다. (X)

　　　　A는 단층 형성 전에 퇴적되었다.

② 선지   B와 C는 평행 부정합 관계이다. (X)

　　　　지층 C는 습곡작용을 받았으므로 B와 C는 평행 부정합이 아니다.

③ 선지   P는 Q보다 먼저 생성되었다. (O)

　　　　P 관입 흔적 위로 Q의 관입 흔적이 관측되므로 P는 Q보다 먼저 생성되었다.

④ 선지   Q를 형성한 마그마는 지표로 분출되었다. (X)

　　　　Q를 형성한 마그마는 지표로 분출되지 않았다.

⑤ 선지   B에서는 암모나이트 화석이 발견될 수 있다. (X)

　　　　B는 Q보다 먼저 생성된 암석이므로 B의 절대 연령은 4억 년보다 많다고 판단할 수 있다. 따라서
　　　　B에서는 중생대 화석인 암모나이트가 발견될 수 없다.

〈기출문항에서 가져가야 할 부분〉

1. 지층의 상대 연령을 정확히 파악할 수 있어야 한다.

02 정답 : ⑤

〈문제 상황 파악하기〉

(가) 자료에서 태평양은 수렴형 경계에서 수렴하므로 면적이 줄고 있고, 대서양은 발산형 경계에서 판이 생성되므로 면적은 증가한다. 따라서 A는 대서양, B는 태평양이라고 판단할 수 있다.

〈선지 판단하기〉

ㄱ 선지　㉠의 하부에서는 해양판이 섭입하고 있다. (O)

㉠의 하부에서는 태평양 판이 섭입하고 있다.

ㄴ 선지　지진이 발생하는 평균 깊이는 ㉡보다 ㉢에서 얕다. (O)

㉡에는 섭입대가 분포하고 있고, ㉢은 해령이므로 지진이 발생하는 평균 깊이는 ㉡보다 ㉢에서 얕다.

ㄷ 선지　A는 대서양, B는 태평양이다. (O)

〈문제 상황 파악하기〉에서 파악했듯이 A는 대서양, B는 태평양이다.

〈기출문항에서 가져가야 할 부분〉

1. 앞으로 대서양의 면적은 계속해서 증가할 것이고, 태평양의 면적은 계속해서 감소할 것이다.

03 정답 : ①

〈문제 상황 파악하기〉

모든 지층은 해성층이므로 해수면 아래에서 퇴적된 지층이다. 따라서 해수면보다 높게 위치했던 시기에는 퇴적이 일어나지 않았을 것이다.

〈선지 판단하기〉

ㄱ 선지 A의 퇴적 구조는 입자 크기에 따른 퇴적 속도 차이에 의해 형성되었다. (O)

A의 퇴적 구조는 점이층리이다. 점이층리는 입자의 크기에 따른 퇴적 속도 차이에 의해 형성되었다.

ㄴ 선지 B의 두께는 ㉠시기보다 ㉡시기에 두꺼웠다. (X)

B는 해성층이다. 이때 ㉠시기와 ㉡시기 사이에는 ⓐ지점의 높이가 해수면보다 높았으므로 퇴적이 일어나지 않았다. 오히려 풍화 침식 작용을 받아 ㉠시기보다 ㉡시기에 B의 두께는 얇아졌을 것이다.

ㄷ 선지 C는 ㉢시기 이후에 형성되었다.

㉢시기 이후에는 ⓐ지점의 높이가 해수면보다 높았으므로 퇴적이 일어나지 않았다.

〈기출문항에서 가져가야 할 부분〉

1. 해수면의 높이 변화를 이해하자.

2. 점이층리의 형성 과정을 이해하자.

3. 해성층은 해수면 아래에서 퇴적된 지층, 육성층은 해수면 위에서 퇴적된 지층이라는 것을 암기하자.

04 정답 : ④

〈문제 상황 파악하기〉

자료를 먼저 해석하고 선지를 판단하기보다 선지를 먼저 보고 자료를 해석하는 것이 조금 더 효율적인 풀이 방법인 문제이다.

〈선지 판단하기〉

ㄱ 선지 4500만 년 전 지구의 자기장 방향은 현재와 반대였다. (X)

A의 연령이 4500만 년이고, 4500만 년 전 지구의 자기장 방향은 정자극기이므로 현재와 같은 방향이었다.

ㄴ 선지 A의 현재 위치는 4500만 년 전보다 고위도이다. (O)

A는 4500만 년 전 고지자기 복각이 $+10°$인 곳에서 형성되었고, 현재 위도 $40°$ N의 고지자기 복각은 $+10°$보다 클 것이므로 A의 현재 위치는 4,500만 년 전보다 고위도라고 판단할 수 있다.

ㄷ 선지 B는 1000만 년 전 북반구에 위치하였다. (O)

1000만 년 전 지구의 자기장 방향은 현재와 같은 방향이었고, B가 생성된 곳의 고지자기 복각은 $+40°$이므로 B는 1,000만 년 전에 북반구에 위치했다고 판단할 수 있다.

〈기출문항에서 가져가야 할 부분〉

1. 고지자기 복각과 위도에 관한 정확한 자료가 없더라도 대략적인 크기는 파악할 수 있다.

05 정답 : ①

〈문제 상황 파악하기〉

A는 실루리아기, B는 석탄기, C는 트라이아스기이다.

〈선지 판단하기〉

ㄱ 선지 A 시기에 삼엽충이 생존하였다. (O)

실루리아기는 고생대이므로 삼엽충이 생존했다고 판단할 수 있다.

ㄴ 선지 B 시기에 은행나무와 소철이 번성하였다. (X)

은행나무와 소철은 겉씨식물로 중생대에 번성하였다.

ㄷ 선지 C 시기에 히말라야산맥이 형성되었다. (X)

히말라야산맥은 신생대에 생성되었다.

〈기출문항에서 가져가야 할 부분〉

1. 각 지질 시대의 특징을 잘 알고 있어야 한다.

06 정답 : ③

〈문제 상황 파악하기〉

자료를 먼저 해석하고, 선지를 판단하기보다 선지를 먼저 보고 자료를 해석하는 것이 조금 더 효율적인 풀이 방법인 문제이다.

〈선지 판단하기〉

ㄱ 선지 가장 최근에 퇴적된 지층은 A에 위치한다. (O)

　　　　화폐석은 신생대의 화석이므로 가장 최근에 퇴적된 지층은 A에 위치한다고 판단할 수 있다.

ㄴ 선지 B에는 역전된 지층이 발견된다. (O)

　　　　B에는 중생대 식물인 고사리 위에 고생대 해양 생물인 삼엽충 화석이 존재하므로 B에는 역전된 지층이 존재한다고 판단할 수 있다.

ㄷ 선지 C에는 해성층만 분포한다. (X)

　　　　C에는 고사리 화석이 분포하므로 C에는 해성층만이 분포하는 것이 아니다.

〈기출문항에서 가져가야 할 부분〉

1. 지층에 존재하는 화석의 생존 시기를 가지고 지층의 상대 연령을 파악할 수 있어야 한다.
2. ㄷ 선지처럼 폐쇄적인 선지는 조심하자.

07 정답 : ⑤

〈문제 상황 파악하기〉

지층의 생성 순서를 먼저 파악할 수 있도록 하자.

〈선지 판단하기〉

ㄱ 선지 단층은 횡압력에 의해 형성되었다. (O)

　　　　그림에서 보이는 단층은 역단층이다. 따라서 단층은 횡압력에 의해 형성되었다.

ㄴ 선지 최소 3회의 융기가 있었다. (O)

　　　　그림에서 부정합면은 2개가 관측되므로 지층의 융기는 최소 3회 있었다.

ㄷ 선지 역암층은 화강암보다 먼저 생성되었다. (O)

　　　　역암층에 화강암의 관입에 의한 변성된 부분이 나타나므로 역암층은 화강암보다 먼저 생성되었다.

〈기출문항에서 가져가야 할 부분〉

1. 변성의 흔적을 통해서 생성 순서를 판단할 수 있다.

08 정답 : ③

〈문제 상황 파악하기〉

판의 나이를 통해 판 경계를 추측하고 판의 이동 방향까지 알 수 있어야 한다.

〈선지 판단하기〉

ㄱ 선지 해양 지각의 평균 확장 속도는 A가 속한 판이 B가 속한 판보다 빠르다. (O)

    1. A가 속한 판은 해령에서 미는 힘과 해구에서 당기는 힘이 작용하는 반면, B가 속한 판은 해령에서 미는 힘만 작용하므로 해양 지각의 평균 확장 속도는 A가 속한 판이 B가 속한 판보다 빠르다고 판단할 수 있다.

    2. A의 나이보다 B의 나이가 많지만, 판의 이동 거리는 A가 B보다 크므로 해양 지각의 평균 확장 속도는 A가 속한 판이 B가 속한 판보다 빠르다고 판단할 수 있다.

ㄴ 선지 해양저 퇴적물의 두께는 B에서가 C에서보다 두껍다. (O)

해양저 퇴적물의 두께는 지각의 나이에 비례하고, 지각의 나이는 B가 C보다 많으므로 해양저 퇴적물의 두께는 C보다 B에서 두껍다.

ㄷ 선지 해령 정상으로부터 해저면까지의 깊이는 A에서가 B에서보다 깊다. (X)

A가 속한 판의 나이는 대략 5~37백만 년이고, B가 속한 판의 나이는 대략 84~117백만 년이므로 (나) 자료를 통해서 해령 정상으로부터 해저면까지의 깊이는 A에서가 B에서보다 얕다고 판단할 수 있다.

〈기출문항에서 가져가야 할 부분〉

1. 해양저 퇴적물의 두께와 해령 정상으로부터 해저면까지의 깊이는 지각의 나이와 비례한다.

2. 판의 종류를 물어보지 않았더라도 바로 떠올릴 수 있어야 한다.

09 정답 : ①

〈문제 상황 파악하기〉

겉보기 이동 경로에 대한 해석을 할 준비를 해야한다.

〈선지 판단하기〉

ㄱ 선지 1억 4천만 년 전에 인도와 오스트레일리아 대륙은 모두 남반구에 위치하였다. (O)

　　　　1억 4천만 년 전 지자기 남극과 인도와 오스트레일리아 사이 거리는 모두 $90°$ 이하이므로 1억 4천만 년 전에 인도와 오스트레일리아 대륙은 모두 남반구에 위치하였다.

ㄴ 선지 인도 대륙의 평균 이동 속도는 6천만 년 전~7천만 년 전이 5천만 년~6천만 년 전보다 빨랐다. (X)

　　　　인도 대륙의 평균 이동 속도는 6천만 년 전~7천만 년 전이 5천만 년~6천만 년 전보다 빨랐다고 판단할 수 있다.

ㄷ 선지 오스트레일리아 대륙에서 복각의 절댓값은 현재가 1억 년 전보다 크다. (X)

　　　　현재 지자기 남극과 오스트레일리아 사이 직선거리보다 1억 년 전 지자기 남극과 오스트레일리아 사이 직선거리가 멀기 때문에 오스트레일리아 대륙에서 복각의 절댓값은 현재가 1억 년 전보다 작다고 판단할 수 있다.

〈기출문항에서 가져가야 할 부분〉

1. 고지자기 남극의 이동 경로가 두 가지로 나타나는 이유는 그 시대에 지리상 남극이 두 개였다는 것이 아닌, 서로 다른 대륙에서 측정했기 때문이다.

2. 지괴와 고지자기극의 거리를 이어 위도를 파악할 수 있어야 한다.

10 정답 : ⑤

〈문제 상황 파악하기〉

(가)는 정습곡, (나)는 횡와습곡, (다)는 역단층이다.

〈선지 판단하기〉

ㄱ 선지　A에는 향사 구조가 나타난다. (O)

　　　　A 지점에서는 아래로 볼록한 향사 구조가 발견된다.

ㄴ 선지　(나)와 (다)에는 나이가 많은 지층 아래에 나이가 적은 지층이 나타나는 부분이 있다. (O)

　　　　나이가 많은 지층 아래에 나이가 적은 지층이 나타나는 구조는 "역전"을 의미한다. (나)와 (다)에
　　　　는 역전된 지층이 나타난다.

ㄷ 선지　(가), (나), (다)는 모두 횡압력에 의해 형성된다. (O)

　　　　습곡과 역단층은 모두 횡압력에 의해 형성된다.

〈기출문항에서 가져가야 할 부분〉

1. 지층의 기하학적인 구조에서 나타나는 특징을 알고 있어야 한다.

11 정답 : ③

〈문제 상황 파악하기〉

(가)에서 X의 모원소와 자원소의 비는 1 : 3이고, Y의 모원소와 자원소의 비는 1 : 1이다. 따라서 같은 암석에 포함되었으므로 절대 연령이 같아야 하기에 X의 반감기는 1억 년이고, Y의 반감기는 2억 년이다.

〈선지 판단하기〉

ㄱ 선지 ⊙은 X'의 함량 변화를 나타낸 것이다. (O)

⊙은 X'의 함량 변화이다.

ㄴ 선지 암석 생성 후 1억 년이 지났을 때 $\dfrac{Y'의 함량}{X'의 함량} = \dfrac{1}{2}$ 이다. (X)

암석 생성 후 1억 년이 지났을 때 X'의 함량은 50%이고, Y'의 함량은 25% ↑ 이므로 $\dfrac{Y'의 함량}{X'의 함량} = \dfrac{1}{2}$ ↑ 이다.

ㄷ 선지 $\dfrac{\text{현재로부터 1억 년 후 모원소의 함량}}{\text{현재로부터 1억 년 전 모원소의 함량}}$ 은 X가 Y보다 작다. (O)

X와 Y의 현재로부터 1억 년 전/후 모원소의 함량은 오른쪽 표와 같으므로 $\dfrac{\text{현재로부터 1억 년 후 모원소의 함량}}{\text{현재로부터 1억 년 전 모원소의 함량}}$ 은 X가 Y보다 작다.

구분	X	Y
1억 년 후	12.5%	25% ↓
1억 년 전	50%	25% ↑

〈기출문항에서 가져가야 할 부분〉

1. (나) 자료를 통해서 대략적인 자원소와 모원소의 비를 알 수 있어야 한다.

12 정답 : ⑤

〈문항의 발문 해석하기〉

다음은 초대륙의 형성과 분리 과정 중 일부에 대하여 학생 A, B, C가 나눈 대화를 나타낸 것이다.

► 많이 접해본 유형의 문항이다. 학생들이 하는 말을 읽고 옳은지, 옳지 않은지 판단해주면 되는 문항이다.

〈문항의 자료 해석하기〉

〈선지 판단하기〉

학생 A 판게아는 초대륙에 해당해. (O)

판게아는 (고생대 말 ~ 중생대 초) 시기에 존재한 초대륙이다.

학생 B 열곡대는 ㉠ 중에 형성될 수 있어. (O)

대륙이 분리되기 위해서는 대륙에 발산형 경계가 존재해야 하고, 발산형 경계의 가운데에는 열곡대가 존재한다.

학생 C 해령을 축으로 해저 지자기 줄무늬가 대칭적으로 분포하는 것은 ㉡의 증거야. (O)

해양저 확장설의 증거 중 하나는 해령을 축으로 해저 고지자기 줄무늬가 대칭적으로 분포하는 것이다.

〈기출문항에서 가져가야 할 부분〉

1. 판게아 이전에 초대륙은 약 12억 년 전 로디니아가 존재했다.

2. 열곡대에서 열은 裂(찢을 열)을 사용한다. 따라서 판과 판이 찢어지는 경계인 발산형 경계에는 열곡대가 존재한다.

13 정답 : ③

〈문항의 발문 해석하기〉

다음은 어느 플룸의 연직 이동 원리를 알아보기 위한 실험이다.

► 실험 과정에 대한 문제이다. "어느 플룸"의 연직 이동 원리를 알아보기 위한 실험이므로 실험 과정이
  어떤 플룸의 연직 이동 원리를 알아보는지 파악해야 한다.

〈문항의 자료 해석하기〉

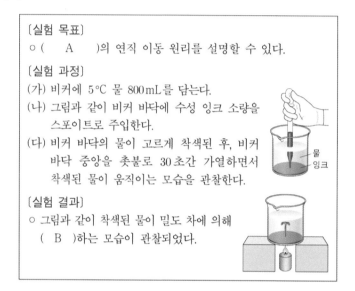

〔실험 목표〕
○ (　　A　　)의 연직 이동 원리를 설명할 수 있다.

〔실험 과정〕
(가) 비커에 5℃ 물 800 mL를 담는다.
(나) 그림과 같이 비커 바닥에 수성 잉크 소량을
    스포이트로 주입한다.
(다) 비커 바닥의 물이 고르게 착색된 후, 비커
    바닥 중앙을 촛불로 30초간 가열하면서
    착색된 물이 움직이는 모습을 관찰한다.

〔실험 결과〕
○ 그림과 같이 착색된 물이 밀도 차에 의해
  (　B　)하는 모습이 관찰되었다.

발문에서 플룸의 연직 이동 원리를 살펴보기 위한 실험이라고 했으므로 촛불이 착색된 물 온도를 올려서
밀도가 낮아진 잉크가 상승하는 것은 뜨거운 플룸의 상승을 나타낸 과정이라고 생각할 수 있다.

〈선지 판단하기〉

ㄱ 선지 '뜨거운 플룸'은 A에 해당한다. (O)

　　　이 실험은 뜨거운 플룸의 연직 이동 원리를 알아보기 위한 실험이므로 A는 뜨거운 플룸이다.

ㄴ 선지 '상승'은 B에 해당한다. (O)

　　　뜨거운 플룸은 상승하는 플룸이므로 B는 상승이다.

ㄷ 선지 플룸은 내핵과 외핵의 경계에서 생성된다. (X)

　　　뜨거운 플룸은 외핵과 맨틀의 경계부에서 생성된다.

〈기출문항에서 가져가야 할 부분〉

1. 실험 과정에서 평가원이 의도한 것을 떠올릴 수 있으면 좋겠다.

2. 외핵과 맨틀 경계면의 깊이는 약 2900km이다.

14 정답 : ①

〈문항의 발문 해석하기〉

그림 (가)는 판의 경계를, (나)는 어느 단층 구조를 나타낸 것이다.

▶ (가)에 나타난 판의 경계가 어떤 판의 경계인지, (나)의 단층 구조는 어떤 단층 구조인지 파악해야 한다.

〈문항의 자료 해석하기〉

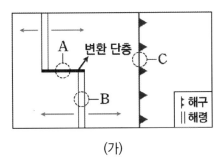

(가)

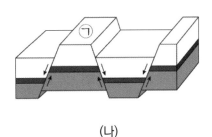

(나)

B는 해령이고, A는 판의 이동 방향이 반대가 되는 부분이 존재하므로 변환 단층이고, C는 해구라고 판단할 수 있다.

(나) 자료의 단층은 상반이 밑으로 내려가고, 하반이 위로 올라갔으므로 정단층이라고 판단할 수 있고, ㉠은 하반이다.

〈선지 판단하기〉

ㄱ 선지   A 지역에서는 주향 이동 단층이 발달한다. (O)

주향 이동 단층은 판들이 수평 방향으로 이동하는 단층이므로 변환단층은 주향 이동 단층에 해당한다고 판단할 수 있다.

ㄴ 선지   ㉠은 상반이다. (X)

㉠은 단층 밑에 존재하므로 하반이다.

ㄷ 선지   (나)는 C 지역에서가 B 지역에서보다 잘 나타난다. (X)

정단층은 장력에 의해서 만들어지는 단층 구조이므로 횡압력이 작용하는 수렴형 경계인 C 지역보다 판에서 밀어내는 힘 즉, 장력이 작용하는 B 지역에서 잘 나타난다.

〈기출문항에서 가져가야 할 부분〉

1. 그동안 기출 문항에서 주향 이동 단층을 언급한 적이 없었는데 처음 언급한 문항이다. 주향 이동 단층은 경계 주변 판들이 수평 방향으로 이동하며 생기는 단층이므로 변환 단층은 주향 이동 단층에 해당한다고 알고 있어야 한다.

15 정답 : ③

그림은 어느 지역의 지질 단면을 나타낸 것이다. 지층 A에서는 삼엽충 화석이, 지층 C와 D에서는 공룡 화석이 발견되었다.

► A, C, D 층에 존재하는 화석을 알려줌으로써 암석이 생성된 정확한 시기를 판단하고, 지층의 상대 연령을 파악하는 문항이다.

〈문항의 자료 해석하기〉

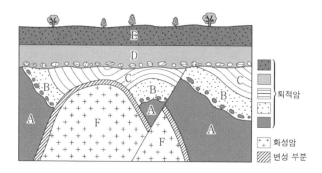

지층의 상대연령은 "A(고생대)→부정합→B→C(중생대)→습곡작용→F 관입→정단층→부정합→D(중생대)→E"라고 판단할 수 있고, A에는 삼엽충 화석이 분포하므로 고생대 해성층에서 퇴적된 암석이고, C와 D에는 공룡 화석이 발견되므로 중생대 육성층에서 퇴적된 암석이라고 판단할 수 있다.

〈선지 판단하기〉

ㄱ 선지 F에서는 고생대 암석이 포획암으로 나타날 수 있다. (O)

화성암 F는 고생대에 생성된 지층 A를 관입했으므로 F에는 고생대 암석이 포획암으로 나타날 수 있다.

ㄴ 선지 단층이 형성된 시기에 암모나이트가 번성하였다. (O)

단층은 C와 D 시기 사이에 형성되었으므로 단층이 형성된 시기는 중생대라고 판단할 수 있고, 중생대에는 암모나이트가 번성하였다.

ㄷ 선지 습곡은 고생대에 형성되었다. (X)

습곡은 지층 C 생성 이후에 형성되었으므로 습곡은 고생대에 형성되었다고 판단할 수 없다.

〈기출문항에서 가져가야 할 부분〉

1. 부정합면, 습곡, 관입, 관입에 의한 변성의 흔적 등을 가지고 지층의 상대연령, 지질 구조의 생성 순서를 파악해야 한다.

16 정답 : ⑤

그림 (가)는 깊이에 따른 지하 온도 분포와 암석의 용융 곡선 ㉠, ㉡, ㉢을, (나)는 마그마가 생성되는 지역 A, B를 나타낸 것이다.

▶ 지하의 온도 분포와 암석의 용융 곡선 그래프와 마그마의 생성 조건에 따른 형성 장소를 기억할 수 있어야 한다.

〈문항의 자료 해석하기〉

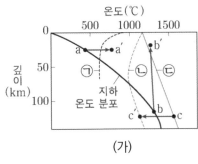 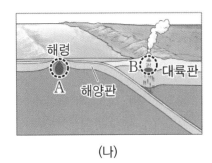

(가)　　　　　　　(나)

1. (가) 자료는 암석의 용융 곡선 그래프를 나타내고 있다. 깊이가 깊어질수록 온도는 증가하고 있다.

   a → a′은 온도 상승에 의한 마그마 형성, b → b′은 압력 감소에 의한 마그마 형성, c → c′은 물의 첨가에 의한 마그마 형성이다.

   ㉠은 물이 포함된 화강암의 용융 곡선, ㉡은 물이 첨가된 맨틀의 용융 곡선, ㉢은 물이 첨가되지 않은 맨틀의 용융 곡선이다.

2. (나) 자료에서 해양판이 대륙판 아래로 섭입하는 모습이 나타나 있다. A는 해령이므로 압력 감소에 의한 현무암질 마그마가, B는 섭입대에서 형성된 마그마가 나타나 있다.

〈선지 판단하기〉

ㄱ 선지 물이 포함되지 않은 암석의 용융 곡선은 ㉢이다. (O)

   ㉢은 물이 포함되지 않은 맨틀의 용융 곡선이다. 그래프에 나와 있는 물리량을 암기할 수 있도록 하자.

ㄴ 선지 B에서는 섬록암이 형성될 수 있다. (O)

   B는 섭입대에서 형성된 현무암질 마그마와 유문암질 마그마가 섞여 분출하려 하고 있다. 따라서 두 마그마의 성질이 섞인 안산암질 마그마가 주로 분출하므로 깊은 곳에서 서서히 냉각되면 섬록암이 형성될 수 있다.

ㄷ 선지 A에서는 주로 b → b′과정에 의해 마그마가 생성된다. (O)

   A는 해령이다. 해령에서는 압력 감소로 인해 마그마가 형성되므로 b → b′과정에 의해 형성된다.

〈기출문항에서 가져가야 할 부분〉

1. 암석의 용융 곡선 그래프 암기하기

2. 판 경계와 열점에서 형성되는 마그마의 생성 과정 이해하기

3. 깊이와 용융점 사이의 관계 파악하기

17 정답 : ①

〈문항의 발문 해석하기〉

X : X의 자원소 = 1 : 3이므로 반감기는 2번 지났다.

Y : Y의 자원소 = 1 : 1이므로 반감기는 1번 지났다.

이때, 두 모원소는 같은 화강암 속에 들어있으므로 측정한 절대 연령이 같아야 한다. 따라서 Y의 반감기는 X의 반감기보다 2배 길어야 한다.

〈선지 판단하기〉

ㄱ 선지 화강암의 절대 연령은 Y의 반감기와 같다. (O)

　　　Y는 반감기가 1번 지났다. 따라서 이 화강암의 절대 연령은 Y의 반감기와 같다.

ㄴ 선지 화강암 생성 당시부터 현재까지 $\dfrac{모원소\ 함량}{모원소\ 함량\ +\ 자원소\ 함량}$의 감소량은 X가 Y의 2배이다. (X)

　　　X와 Y 모두 화성암이 형성되었을 당시 100개가 있었다고 가정해보자.

　　　따라서 두 원소는 모두 $\dfrac{100개}{100개\ +\ 0개} = 1$의 값을 가질 것이다.

　　　X는 반감기가 2번 지났다. 이 값은 $\dfrac{25개}{25개\ +\ 75개} = \dfrac{1}{4}$이므로 $\dfrac{3}{4}$만큼 감소했다.

　　　Y는 반감기가 1번 지났다. 이 값은 $\dfrac{50개}{50개\ +\ 50개} = \dfrac{1}{2}$이므로 $\dfrac{1}{2}$만큼 감소했다.

　　　따라서 이 값의 감소량은 X가 Y의 1.5배이다.

ㄷ 선지 Y의 함량이 현재의 $\dfrac{1}{2}$이 될 때, X의 자원소 함량은 X 함량의 7배이다. (X)

　　　Y는 현재 반감기가 1번 지났으므로 처음 양의 50%만 남아있다.

　　　이 값이 $\dfrac{1}{2}$배로 줄면 25%이므로 반감기는 2번 지난 것이다.

　　　Y의 반감기가 2번 지났다면 X의 반감기는 4번 지났을 것이므로 X : X 자원소 = 1 : 15이다.

〈기출문항에서 가져가야 할 부분〉

1. 같은 화성암 속 서로 다른 모원소 사이의 반감기 및 절대 연령 관계 파악하기

2. 화성암의 생성 당시와 현재의 모원소 및 자원소 관계 파악하기

3. 반감기가 지난 횟수와 모원소, 자원소 비율 이해하기

18 정답 : ④

〈문항의 발문 해석하기〉

그림은 상부 맨틀에서만 대류가 일어나는 모형을 나타낸 것이다.

▶ 맨틀 대류에 관하여 물어보는 문제라고 예상할 수 있다.

〈문항의 자료 해석하기〉

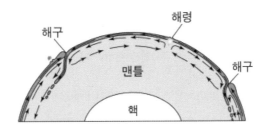

해구에서는 맨틀 대류의 하강류가, 해령은 맨틀 대류의 상승류가 분포하는 곳이다.

〈선지 판단하기〉

ㄱ 선지 판을 이동시키는 힘의 원동력을 설명할 수 있다. (O)

맨틀 대류는 판을 이동시키는 힘의 원동력을 설명할 수 있다.

ㄴ 선지 해양 지각의 평균 연령이 대륙 지각의 평균 연령보다 적은 이유를 설명할 수 있다. (O)

해양 지각의 밀도는 대륙 지각의 밀도 보다 크므로 대륙판과 해양판이 만나는 수렴형 경계(해구)에서 밀도가 큰 해양판이 대륙판 밑으로 섭입한다.

ㄷ 선지 뜨거운 플룸이 핵과 맨틀의 경계 부근에서 생성되어 상승하는 것을 설명할 수 있다. (X)

외핵과 맨틀의 경계 부근에서 생성되어 상승하는 뜨거운 플룸을 자료에서 관측할 수 없으므로 뜨거운 플룸이 핵과 맨틀의 경계 부근에서 생성되어 상승하는 것을 설명할 수 없다.

〈기출문항에서 가져가야 할 부분〉

1. 발문에서 상부 맨틀에서만 대류가 일어난다고 했으므로 발문의 조건에 유의하여 선지를 판단해야 한다.

19 정답 : ④

〈문항의 발문 해석하기〉

다음은 어느 퇴적 구조가 형성되는 원리를 알아보기 위한 실험이다.

▶ 실험 과정에 대한 문제이다. 퇴적암이 형성되는 과정을 나타내는 실험이기에 어떤 퇴적암이 형성되는지 파악해야 한다.

〈문항의 자료 해석하기〉

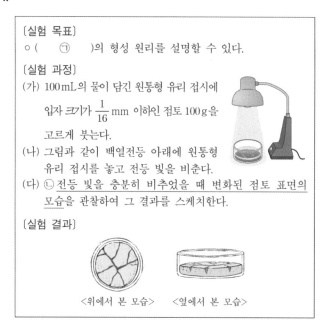

[실험 결과]를 보고서 건열의 모습이라고 판단할 수 있다.

〈선지 판단하기〉

ㄱ 선지 '건열'은 ㉠에 해당한다. (O)

㉠은 건열이다.

ㄴ 선지 건조한 환경에 노출되어 퇴적물의 표면이 갈라진 모습은 ㉡에 해당한다. (O)

백열전등이 하는 역할은 태양의 역할로 점토 안에 물을 증발시키는 역할을 한다. 따라서 건조한 환경에 노출되어 퇴적물의 표면이 갈라진 모습은 ㉡에 해당한다고 판단할 수 있다.

ㄷ 선지 이 퇴적 구조는 주로 역암층에서 관찰된다. (X)

역암으로 만들어지는 퇴적 구조는 주로 점이층리이다.

〈기출문항에서 가져가야 할 부분〉

1. 탐구 과정을 전부 다 읽지 않고 [실험 결과]만 보더라도 어떤 퇴적 구조인지 알 수 있어야 한다.

20 정답 : ②

〈문항의 발문 해석하기〉

그림은 현생 누대 동안 생물과의 멸종 비율과 대멸종이 일어난 시기 A, B, C를 나타낸 것이다.

► A, B, C 시기가 언제인지 파악해서 선지를 판단하는 문항이다.

〈문항의 자료 해석하기〉

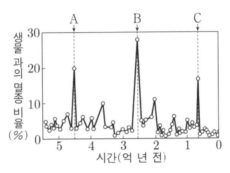

지질 시대에는 5번의 대멸종이 있었다. (오르도비스기 말, 데본기 말, 페름기 말, 트라이아스기 말, 백악기 말) 따라서 A는 오르도비스기 말, B는 페름기 말, C는 백악기 말이라고 판단할 수 있다.

〈선지 판단하기〉

ㄱ 선지 생물 과의 멸종 비율은 A가 B보다 높다. (X)

   생물과의 멸종 비율은 B가 A보다 높다고 판단할 수 있다.

ㄴ 선지 A와 B 사이에 최초의 양서류가 출현하였다. (O)

   A(오르도비스기 말)는 고생대 초기이고, B(페름기 말)는 고생대 말기이므로 A와 B 사이에 최초의 양서류가 출현했다고 판단할 수 있다.

ㄷ 선지 B와 C 사이에 히말라야산맥이 형성되었다. (X)

   C(백악기 말)는 중생대 말기이고 히말라야산맥은 신생대에 형성되었으므로 B와 C 사이에 히말라야산맥이 형성되었다고 할 수 없다.

〈기출문항에서 가져가야 할 부분〉

1. 지질 시대에는 5번의 대멸종이 있었고, 각각의 대멸종이 언제 발생했는지 알고 있어야 한다.
   (오르도비스기 말, 데본기 말, 페름기 말, 트라이아스기 말, 백악기 말)

2. 최초의 양서류는 오존층이 생성된 이후에 출현했다.

3. 생물과의 멸종 비율이 가장 큰 페름기 말 대멸종에는 판게아의 형성이 원인이다.
   (판게아의 형성은 대륙붕에 서식하는 생물과의 비율을 크게 감소시켰다.)

21 정답 : ②

〈문항의 발문 해석하기〉

그림 (가)는 마그마가 생성되는 지역 A, B, C를, (나)는 깊이에 따른 암석의 용융 곡선을 나타낸 것이다. (나)의 ㉠은 A, B, C 중 하나의 지역에서 마그마가 생성되는 조건이다.

▶ 각 지점 A, B, C에서 어떤 성질의 마그마가 어떻게 형성되는지 물어보는 문항이다.

〈문항의 자료 해석하기〉

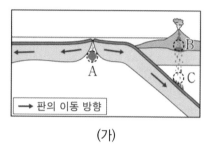

(가)

(나)

A에서는 압력의 감소로 인해 마그마가 형성되고, C에서는 함수 광물에 의해 마그마가 형성되고, B는 온도 증가에 의해 마그마가 형성된다.

㉠은 온도 증가에 의해 마그마가 형성되는 과정이므로 B 지역에서 마그마가 생성되는 조건이다.

〈선지 판단하기〉

ㄱ 선지 A에서는 주로 물이 포함된 맨틀 물질이 용융되어 마그마가 생성된다. (X)

A에서는 주로 압력 감소에 의해 맨틀 물질이 용융되어 마그마가 생성된다.

ㄴ 선지 생성되는 마그마의 SiO_2 함량(%)은 B가 C보다 높다. (O)

C에서 생성되는 마그마는 현무암질 마그마이고, B는 유문암질 마그마이므로 생성되는 마그마의 SiO_2 함량(%)은 B가 C보다 높다.

ㄷ 선지 ㉠은 C에서 마그마가 생성되는 조건에 해당한다. (X)

㉠은 B에서 마그마가 생성되는 조건에 해당한다.

〈기출문항에서 가져가야 할 부분〉

1. 해령, 해구, 열점 등에서 마그마가 생성되는 원리와 과정을 제대로 이해해서 알고 있어야 한다.

22 정답 : ①

〈문항의 발문 해석하기〉

그림은 어느 지괴의 현재 위치와 시기별 고지자기극의 위치를 나타낸 것이다. 고지자기극은 고지자기 방향으로 추정한 지리상 북극이고, 지리상 북극은 변하지 않았다. 현재 지자기 북극은 지리상 북극과 일치한다.

► 현재 파악한 과거의 고지자기극의 위치가 자료에 나타나 있으므로 지괴의 이동 방향, 회전 방향을 파악하는 문항이다.

〈문항의 자료 해석하기〉

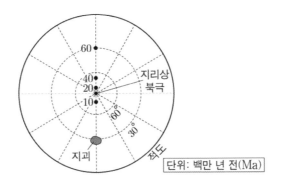

과거의 고지자기극의 배치를 보면 지괴는 동일한 경도상에서만 이동했다고 판단할 수 있다. 또한, 지괴와 고지자기극 사이의 거리를 이어보면 60Ma ~ 10Ma에 지괴는 점차 북상했고, 10Ma ~ 현재에 지괴는 점차 남하했다고 판단할 수 있다.

〈선지 판단하기〉

ㄱ 선지 지괴는 60Ma ~ 40Ma가 40Ma ~ 20Ma보다 빠르게 이동하였다. (O)

지괴는 60Ma ~ 40Ma가 40Ma ~ 20Ma보다 빠르게 이동하였다.

ㄴ 선지 60Ma에 생성된 암석에 기록된 고지자기 복각은 (+)값이다. (X)

60Ma전 고지자기 극과 현재 지괴 사이의 위도 차이는 120°이므로 60Ma에 생성된 암석에 기록된 고지자기 복각은 (−)값이다.

ㄷ 선지 10Ma부터 현재까지 지괴의 이동 방향은 북쪽이다. (X)

10Ma부터 현재까지 지괴는 남하했으므로 지괴의 이동 방향은 남쪽이다.

〈기출문항에서 가져가야 할 부분〉

1. 지괴와 고지자기극 사이의 거리를 이어 지괴가 형성되었을 때의 위도를 알 수 있어야 한다.

23 정답 : ③

〈문항의 발문 해석하기〉

그림 (가)는 어느 지역의 지질 단면을, (나)는 시간에 따른 방사성 원소 X와 Y의 $\dfrac{\text{자원소 함량}}{\text{방사성 원소 함량}}$을 나타낸 것이다. 화성암 A와 B에는 X와 Y 중 서로 다른 한 종류만 포함하고, 현재 A와 B에 포함된 방사성 원소의 함량은 각각 처음 양의 50%와 25% 중 서로 다른 하나이다.

► (가)의 지질 단면을 가지고 지층의 상대연령을 파악하고, (나)의 방사성 동위 원소의 반감기를 이용해서 암석 A와 B의 절대 연령을 파악할 수 있다.

〈문항의 자료 해석하기〉

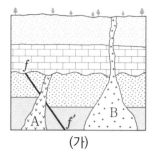

(가)

지층의 생성 순서는 $f - f' \rightarrow$ A → 부정합 → B라고 판단할 수 있다.

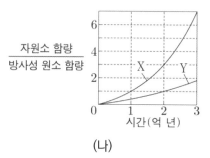

(나)

(자원소 함량/방사성 원소 함량)의 값은 방사성 동위 원소의 반감기가 n번이라고 할 때, $2^n - 1$이다. 따라서 $\dfrac{\text{자원소 함량}}{\text{방사성 원소 함량}}$의 값이 1일 때 갖는 시간 값이 반감기이다. 따라서 X의 반감기는 1억 년, Y의 반감기는 2억 년이다.

〈선지 판단하기〉

ㄱ 선지 반감기는 X가 Y의 $\dfrac{1}{2}$배이다. (O)

　　X의 반감기는 1억 년이고, Y의 반감기는 2억 년이므로 반감기는 X가 Y의 $\dfrac{1}{2}$배이다.

ㄴ 선지 A에 포함되어 있는 방사성 원소는 Y이다. (O)

　　지층의 상대연령은 A가 B보다 많으므로 오른쪽 표를 보고서 A의 연령은 4억 년이고, B의 연령은 1억 년이라고 판단할 수 있다. 따라서 A에 포함되어 있는 방사성 원소는 Y이다.

구분	X	Y
50%	1억 년	2억 년
625%	2억 년	4억 년

ㄷ 선지 (가)에서 단층 $f - f'$은 중생대에 형성되었다. (X)

　　단층 $f - f'$는 A보다 먼저 생성되었으므로 단층 $f - f'$는 고생대에 형성되었다고 판단할 수 있다. (A의 절대 연령은 4억 년이므로 A는 고생대에 형성되었다.)

〈기출문항에서 가져가야 할 부분〉

1. 방사성 원소의 함량은 (모원소의 함량 + 자원소의 함량)이므로 항상 일정하다.

24 정답 : ③

〈문항의 발문 해석하기〉

그림은 플룸 구조론을 나타낸 모식도이다. A와 B는 각각 차가운 플룸과 뜨거운 플룸 중 하나이고, ㉠은 화산섬이다.

▶ 플룸의 종류를 구분하는 문제이다. 각 플룸의 특징을 생각하고 생성원리를 이해해야 한다.

〈문항의 자료 해석하기〉

1. A는 화살표의 방향이 지구 내부로 향하고 있으므로 차가운 플룸에 해당한다.

2. B는 화살표의 방향이 지구 바깥으로 향하고 있으므로 뜨거운 플룸에 해당한다.

3. ㉠은 뜨거운 플룸에 의해서 형성된 열점에서 만들어진 화산섬이다.

〈선지 판단하기〉

ㄱ 선지 A는 섭입한 해양판에 의해서 형성된다. (O)

　　　　차가운 플룸인 A는 섭입대에서 해양판의 침강으로 형성된다.

ㄴ 선지 B는 태평양에 여러 화산을 형성한다. (O)

　　　　뜨거운 플룸인 B는 열점에서 화산섬들을 계속해서 만들어낸다.

ㄷ 선지 ㉠을 형성한 열점은 판과 같은 방향으로 움직인다. (X)

　　　　㉠은 화산섬이다. 이때 ㉠의 하부에는 열점이 존재한다. 열점은 판(암석권) 아래에 분포하며 지구 내부의 맨틀 물질을 계속해서 끌어 올려 화산섬을 생성한다. 이때 화산섬들은 판의 이동 방향대로 배열된다. 그러나 판 아래에 존재하는 열점은 움직이지 않는다. 따라서 판과 같은 방향으로 움직이지 않는다.

〈기출문항에서 가져가야 할 부분〉

1. 각 플룸의 종류의 특성을 암기하자.

2. 열점은 고정되어 있다는 사실을 이해하자.

3. 아시아 대륙에는 거대한 플룸 하강류가, 태평양에는 여러 열점에 의해서 형성된 화산이 존재한다.

25 정답 : ③

〈문항의 발문 해석하기〉

다음은 퇴적암이 형성되는 과정의 일부를 알아보기 위한 실험이다.

▶ 실험 과정에 대한 문제이다. 퇴적암이 형성되는 과정을 나타내는 실험이기에 어떤 퇴적암이 형성되는지 파악해야 한다.

〈문항의 자료 해석하기〉

〔실험 목표〕
○ 퇴적암이 형성되는 과정 중 (㉠)을/를 설명할 수 있다.

〔실험 과정〕
(가) 입자 크기 2mm 정도인 퇴적물 250mL가 담긴 원통에 물 250mL를 넣는다.
(나) 물의 높이가 퇴적물의 높이와 같아질 때까지 물을 추출한 뒤, 추출된 물의 부피를 측정한다.
(다) 그림과 같이 원형 판 1개를 원통에 넣어 퇴적물을 압축시킨다.
(라) 물의 높이가 퇴적물의 높이와 같아질 때까지 물을 추출하고, 그 물의 부피를 측정한다.
(마) 동일한 원형 판의 개수를 1개씩 증가시키면서 (라)의 과정을 반복한다.
(바) 원형 판의 개수와 추출된 물의 부피와의 관계를 정리한다.

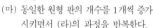
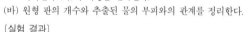

〔실험 결과〕
○ 과정 (나)에서 추출된 물의 부피 : 100mL
○ 과정 (다)~(마)에서 원형 판의 개수에 따른 추출된 물의 부피

원형 판 개수(개)	1	2	3	4	5
추출된 물의 부피(mL)	27.5	8.0	6.5	5.3	4.5

1. (가)에서 입자의 크기가 2mm정도인 퇴적물을 넣는다고 했으니 생성되는 퇴적암은 주로 '자갈'로 이루어진 역암일 것이다.

2. 실험 과정 중 계속해서 원형 판을 원통에 넣어 퇴적물을 압축하고 있다. 따라서 퇴적물 입자 사이의 간격인 공극이 좁아질 것이므로 ㉠은 다짐 작용일 것이다.

〈선지 판단하기〉

ㄱ 선지 '다짐 작용'은 ㉠에 해당한다. (O)

원형 판을 계속해서 넣어주는 과정은 다짐 작용에 해당할 것이다.

ㄴ 선지 과정 (나)에서 원통 속에 남아 있는 물의 부피는 222.5mL이다. (X)

과정 (나)에서 추출된 물의 부피는 100mL이다. 원통에 물이 250mL가 담겨있었으므로 원통 속에 남아 있는 물의 부피는 150mL이다.

ㄷ 선지 원형 판의 개수가 증가할수록 단위 부피당 퇴적물 입자의 개수는 증가한다. (O)

원통 속에는 250mL의 퇴적물이 담겨있다. 이때 퇴적물의 개수를 n개라 하자. 원형 판을 넣으면서 원통 속 물질의 부피는 372.5mL → 364.5mL → 358mL → 352.7mL → 348.2mL로 점점 줄고 있다. 이때 단위 부피당(같은 부피당) 들어있는 퇴적물 입자의 개수는

$$\frac{n}{372.5mL} \to \frac{n}{364.5mL} \to \frac{n}{358mL} \to \frac{n}{352.7mL} \to \frac{n}{348.2mL}$$ 이므로 점점 증가하고 있다.

또는 밀도가 증가하고 있으므로 단위 부피당 퇴적물 입자의 개수는 증가한다고 볼 수도 있다.

〈기출문항에서 가져가야 할 부분〉

1. 실험 과정 문제가 나온다면 어떤 개념 파트에 대한 설명인지 파악하자.
2. 퇴적암의 종류 및 퇴적물의 입자의 크기 암기하자. (예. 자갈의 크기는 2mm이상)
3. 퇴적물의 형성 과정에 대해서 이해하기

26 정답 : ④

〈문항의 발문 해석하기〉

그림은 해양판이 섭입되는 모습을 나타낸 것이다. A, B, C는 각각 마그마가 생성되는 지역과 분출되는 지역 중 하나이다.

▶ 판 경계에 대한 문제이다. 각 판 경계에 대한 특징을 암기하고 있어야 한다. 또한 마그마가 생성되는 조건에 대한 그래프를 암기하고 있어야 한다.

〈문항의 자료 해석하기〉

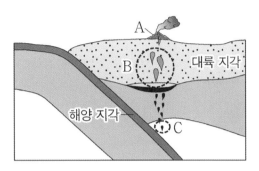

1. A는 주로 안산암질 마그마가 지표로 분출하는 지역이다.

2. B는 대륙 지각의 하부가 용융되어 생성된 유문암질 마그마와 아래에서 올라온 현무암질 마그마가 섞여 안산암질 마그마가 형성되는 지역이다.

3. C는 물의 첨가로 용융점이 낮아져 맨틀 물질이 용융되어 현무암질 마그마가 생성되는 지역이다.

〈선지 판단하기〉

ㄱ 선지 A에서는 주로 조립질 암석이 생성된다. (X)

　　　　A는 지표로 분출하기 때문에 주로 입자의 크기가 작은 세립질 암석이 생성된다.
　　　　(조립질 암석은 주로 지하 깊은 곳에서 형성된다.)

ㄴ 선지 B에서는 안산암질 마그마가 생성될 수 있다. (O)

　　　　B에서는 대륙 지각의 하부에서 형성된 유문암질 마그마와 하부에서 올라온 현무암질 마그마가 섞여 안산암질 마그마가 생성될 수 있다.

ㄷ 선지 C에서는 맨틀 물질의 용융으로 마그마가 생성된다. (O)

　　　　C에서는 함수 광물에 의한 물의 첨가로 맨틀 물질이 용융되어 현무암질 마그마가 생성된다.

〈기출문항에서 가져가야 할 부분〉

1. 판 경계와 변동대에서 마그마가 생성되는 조건 이해하기

2. 마그마의 화학 조성과 입자의 크기 암기

27 정답 : ④

〈문항의 발문 해석하기〉

그림 (가)는 40억 년 전부터 현재까지의 지질 시대를 구성하는 A, B, C의 지속 기간을 비율로 나타낸 것이고, (나)는 초대륙 로디니아의 모습을 나타낸 것이다. A, B, C는 각각 시생 누대, 원생 부대, 현생 누대 중 하나이다.

► 지질 시대는 누대, 대, 기 등으로 구분한다. 또한 지질 시대에 존재했던 초대륙에 대해서 알아야 한다.

〈문항의 자료 해석하기〉

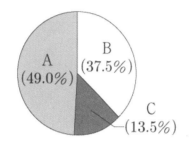

지질 시대의 순서는 시생 누대 → 원생 누대 → 현생 누대다. 이때 각 누대의 지속 기간은 다음과 같다.

	지속 기간
시생 누대	40억 년 전 ~ 25억 년 전
원생 누대	25억 년 전 ~ 5억 4천만 년 전
현생 누대	5억 4천만 년 전 ~ 현재

따라서 지속 기간이 가장 긴 A는 원생 누대, B는 시생 누대, C는 현생 누대다.

자료 (나)는 로디니아에 대한 모습이다. 로디니아는 약 12억 년 전에 존재했던 초대륙이다.

〈선지 판단하기〉

ㄱ 선지 A는 원생 누대이다. (O)

   지속 기간이 가장 길었던 A는 원생 누대이다.

ㄴ 선지 (나)는 A에 나타난 대륙 분포이다. (O)

   로디니아는 약 12억 년 전에 존재했던 초대륙이다. 현재로부터 12억 년 전은 원생 누대이므로 A에 나타난 대륙 분포이다.

ㄷ 선지 다세포 동물은 B에 출현했다. (X)

   지구상에 다세포 생물은 원생 누대 때 최초로 출현하였다. 따라서 다세포 생물은 A에 출현했다. 시생 누대인 B에 최초로 출현한 생물체는 원시적인 단세포 생물인 남세균이다.

〈기출문항에서 가져가야 할 부분〉

1. 지질 시대의 특징 및 순서 암기하기

2. 각 지질 시대에 존재했던 생물학적 사건 암기하기

3. 초대륙이 형성되는 과정 및 초대륙의 종류 암기하기 (예 판게아, 로디니아)

28 정답 : ②

그림은 어느 해양판의 고지자기 분포와 지점 A, B의 연령을 나타낸 것이다. 해양판의 이동 속도와 해저 퇴적물이 쌓이는 속도는 일정하고, 현재 해양판의 이동 방향은 남쪽 북쪽 중 하나이다. (단, 해양판의 이동 속도는 대륙판보다 빠르다.)

▶ 고지자기에 대한 내용과 판 경계에 대해서 생각해야 한다. 해양판에서 퇴적물이 생성되는 과정과 판의 이동 방향에 대한 내용을 떠올려야 한다.

〈문항의 자료 해석하기〉

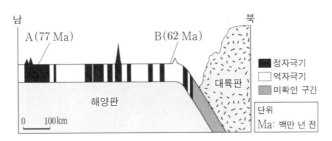

1. 해양판의 이동 속도는 대륙판보다 빠르고 해양판의 이동 방향은 북쪽, 남쪽 중 하나이다.

   해양판의 이동 속도가 대륙판보다 빠른데 수렴형 경계가 생성되기 위해선 해양판의 이동 방향은 북쪽이어야 한다. 남쪽으로 이동할 때에는 해양판의 이동 속도가 더 빨라 수렴형 경계가 생길 수 없다.

2. 이 문제에서 많은 학생이 A와 B의 연령을 보고 A와 B 사이에 해령이 존재하나? 어떻게 이런 경우가 가능하지? 라는 의문을 가졌을 것이다. 이 경우는 해령이 섭입되어 사라진 경우이다.

   만약 A와 B 사이에 해령이 존재한다면 해령 또한 판의 경계이므로 판이 두 개로 나누어져 있어야 한다.

〈선지 판단하기〉

ㄱ 선지 A와 B 사이에 해령이 위치한다. (X)

   자료 해석에 따르면 A와 B 사이에는 해령이 위치하지 않는다. 해령은 대륙판 아래로 소멸되었다.

ㄴ 선지 해저 퇴적물의 두께는 A가 B보다 두껍다. (O)

   해저 퇴적물이 쌓인 속도가 일정하다고 했으므로 퇴적물의 두께는 생성된 지 오래된 암석일수록 두껍다. 따라서 A의 연령이 더 많으므로 해저 퇴적물은 A가 B보다 두껍다.

ㄷ 선지 현재 A의 이동 방향은 남쪽이다. (X)

   자료 해석에 따르면 A의 이동 방향은 북쪽이다.

〈기출문항에서 가져가야 할 부분〉

1. 판 경계를 보고 판의 이동 방향을 이해할 수 있도록 하자.
2. 해령이 해구에서 소멸할 수도 있음을 이해하자.

29 정답 : ⑤

〈문항의 발문 해석하기〉

그림 (가)와 (나)는 어느 두 지역의 지질 단면을, (다)는 시간에 따른 방사성 원소 X와 Y의 붕괴 곡선을 나타낸 것이다. 화강암 A와 B에는 한 종류의 방사성 원소만 존재하고, X와 Y 중 서로 다른 한 종류만 포함한다. 현재 A와 B에 포함된 방사성 원소의 함량은 각각 처음 양의 25%, 12.5% 중 서로 다른 하나이다. 두 지역의 셰일에서는 삼엽충 화석이 산출된다.

▶ 방사성 원소와 반감기에 대한 내용을 떠올려야 한다. 또한 지질 단면을 보고 암석의 생성 순서에 대해서 파악해야 한다. 두 지역의 셰일에는 삼엽충 화석이 산출되므로 고생대에 존재했던 지층일 것이다.

〈문항의 자료 해석하기〉

  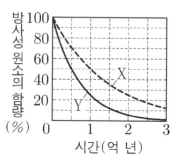

1. 지역 (가)는 화강암이 셰일을 관입하여 셰일의 포획암이 나타나고 있다. (셰일 → 화강암 A)

2. 지역 (나)는 화강암이 셰일층에 기저 역암으로 존재하고 있다. (화강암 B → 셰일)

3. (다)의 자료로 방사성 원소 X의 반감기는 1억 년, Y의 반감기는 0.5억 년인 것을 알 수 있다.
   이때 두 지역의 셰일은 고생대에서 형성된 암석이므로 생성 시기는 5.4억 년 전 ~ 2.5억 년 전일 것이다. 따라서 A에 포함된 방사성 원소는 처음 양의 25%인 Y이며 반감기가 2번 지나 1억 년의 절대 연령을 가진다. B에 포함된 방사성 원소는 처음 양의 12.5% X이며 반감기가 3번 지나 3억 년의 절대 연령을 가진다. (만약 A에 포함된 Y가 12.5%일 경우 절대 연령은 1.5억 년이다. 그렇다면 B에 포함된 X는 25%의 함량을 가지므로 절대 연령이 2억 년이다. 지역 (나)에서 B는 고생대에 생성되었어야 하므로 틀린 해석이 된다.)
   - 지역 (가) : 셰일 (고생대) → 화강암 A (절대 연령 : 1억)
   - 지역 (나) : 화강암 B (절대 연령 : 3억) → 셰일 (고생대)

〈선지 판단하기〉

ㄱ 선지 (가)에서는 관입이 나타난다. (O)

(가)에서는 화강암 A에 의한 관입이 나타나고 있다.

ㄴ 선지 B에 포함되어 있는 방사성 원소는 X이다. (O)

B에 포함되어 있는 방사성 원소는 X이어야 한다. 만약 Y가 포함되어 있다면 절대 연령이 1.5억 또는 1억 년이기 때문에 고생대의 셰일이 형성될 수 없다.

ㄷ 선지 현재의 함량으로부터 1억 년 후의 $\dfrac{\text{A에 포함된 방사성 원소 함량}}{\text{B에 포함된 방사성 원소 함량}}$ 은 1이다. (O)

현재 A에 포함된 방사성 원소는 Y이며 1억 년이 지난다면 반감기가 2번 더 지나 6.25%가 될 것이다.

현재 B에 포함된 방사성 원소는 X이며 1억 년이 지난다면 반감기가 1번 더 지나 6.25%가 될 것이다.

따라서 $\dfrac{\text{A에 포함된 방사성 원소 함량}}{\text{B에 포함된 방사성 원소 함량}}$ 은 1이다.

〈기출문항에서 가져가야 할 부분〉

1. 방사성 동위 원소와 반감기에 대한 정의를 이해할 수 있어야 한다.

2. 처음 양에 대한 현재의 비율을 보고 반감기가 몇 번 지났는지 빠르게 파악해야 한다.

3. 각 지질 시대에 존재했던 표준 화석을 암기할 수 있도록 하자.

30 정답 : ②

〈문제 상황 파악하기〉

대륙 이동설의 근거와 대륙 이동의 원동력을 설명하지 못한 한계점, 맨틀 대류설의 기반이 된 상황을 자료로 나타냈다.

〈선지 판단하기〉

ㄱ 선지 '변환 단층의 발견'은 ㉠에 해당한다. (X)

변환 단층의 발견은 해양저 확장설의 증거 중 하나이다.

ㄴ 선지 '대륙 이동의 원동력'은 ㉡에 해당한다. (O)

대륙 이동설은 대륙 이동의 원동력을 설명하지 못했다는 한계점을 가지고 있다.

ㄷ 선지 ㉢에서는 고지자기 줄무늬가 해령을 축으로 대칭을 이룬다고 설명하였다. (X)

고지자기 줄무늬가 해령을 축으로 대칭을 이룬다는 것은 해양저 확장설의 증거 중 하나이다.

〈기출문항에서 가져가야 할 부분〉

1. 대륙 이동설의 증거 및 한계점을 명확하게 암기하고 있어야 한다.
2. 판 구조론의 정립 과정을 암기할 수 있어야 한다.

31 정답 : ③

〈문제 상황 파악하기〉

A는 뜨거운 플룸, B는 차가운 플룸이다. 현재 뜨거운 플룸은 a 아래로 상승하므로 열점은 a에 존재하며, 판은 a→b→c 방향으로 이동할 것이다.

〈선지 판단하기〉

ㄱ 선지 A는 뜨거운 플룸이다. (O)

A는 상승하므로 뜨거운 플룸이다.

ㄴ 선지 밀도는 ㉠ 지점이 ㉡ 지점보다 작다. (O)

㉠은 일반 맨틀, ㉡은 차가운 플룸이므로 ㉠ 지점의 밀도가 더 작다.

ㄷ 선지 화산섬의 나이는 a > b > c이다. (X)

a는 열점에 가장 가까우므로 나이가 가장 어리다. 따라서 화산섬의 나이는 c > b > a이다.

〈기출문항에서 가져가야 할 부분〉

1. 지구 내부에서 바깥으로 상승하는 흐름은 뜨거운 플룸, 바깥에서 내부로 하강하는 흐름은 차가운 플룸이다.
2. 동일한 열점에서 형성된 화산섬은 열점에서 멀수록 나이가 많다.

32 정답 : ①

〈문제 상황 파악하기〉

활화산과 섬의 모양으로 판단했을 때, A는 열점에 의해 형성된 화산섬들이고, B는 넓은 호 모양의 호상 열도이다.

〈선지 판단하기〉

ㄱ 선지 이 지역에는 해구가 존재한다. (O)

   호상 열도가 존재하므로 해구가 존재한다.

ㄴ 선지 화산섬 A는 주로 안산암으로 이루어져 있다. (X)

   화산섬 A는 열점에 의해 형성되었으므로 주로 현무암으로 이루어져 있다.

ㄷ 선지 활화산 B에서 분출되는 마그마는 압력 감소에 의해 생성된다. (X)

   B는 호상 열도이므로 이를 구성하는 마그마는 물의 첨가와 온도 상승으로 인해 생성되었다.

〈기출문항에서 가져가야 할 부분〉

1. 호상 열도의 모양이 '호' 모양인 것을 알고 있어야 한다.

2. 하나의 열점에 의해 형성된 화산 중 활화산은 하나뿐이다.

33 정답 : ④

〈문제 상황 파악하기〉

이 지괴는 계속해서 북쪽으로 이동했으므로 복각은 계속해서 커져야 한다.

이때, 최근 400만 년 동안 적도를 통과하지 않았으므로 모든 지괴는 하나의 반구에 위치한다.

10만 년, 150만 년, 400만 년 중 두 시기는 역자극기이므로 A와 C가 역자극기이다.

따라서 모든 지괴를 정자극기 때의 복각으로 변환하면 A는 $-50°$, B는 $-45°$, C는 $-48°$이다.

복각은 계속해서 커져야하므로 생성 순서는 $A \rightarrow C \rightarrow B$이다.

〈선지 판단하기〉

ㄱ 선지 이 지괴는 북반구에 위치한다. (X)

　　　 정자극기일 때 복각은 모두 음수이므로 모든 지괴는 남반구에 위치한다.

ㄴ 선지 정자극기에 생성된 암석은 B이다. (O)

　　　 B는 정자극기에 형성되었다.

ㄷ 선지 화성암의 생성 순서는 $A \rightarrow C \rightarrow B$이다. (O)

　　　 화성암의 생성 순서는 $A \rightarrow C \rightarrow B$이다.

〈기출문항에서 가져가야 할 부분〉

1. 어떤 지괴가 적도를 통과하지 않았다면 그 지괴는 하나의 반구에 위치하는 것이다.

2. 지괴가 계속해서 북쪽으로 이동했다면 정자극기일 때 복각은 계속해서 증가해야 한다.

34 정답 : ①

〈문제 상황 파악하기〉

해령에서 먼 위치일수록 나이는 많고, 퇴적물의 두께는 두껍다.

〈선지 판단하기〉

ㄱ 선지 퇴적물의 두께는 P_2보다 P_4에서 두껍다. (O)

　　　　퇴적물의 두께는 해령으로부터 더 멀리 있는 P_4에서 두껍다.

ㄴ 선지 P_5 지점의 가장 오래된 퇴적물은 중생대에 퇴적되었다. (X)

　　　　P_5 지점에서 가장 오래된 퇴적물의 나이는 6120만 년이므로 신생대에 퇴적되었다.

ㄷ 선지 P_1~P_5가 속한 판은 해령을 기준으로 동쪽으로 이동한다. (X)

　　　　판은 P_1에서 P_5 방향으로 이동하고 있다. 따라서 해령을 기준으로 서쪽으로 이동하고 있다.

〈기출문항에서 가져가야 할 부분〉

1. 중생대와 신생대의 경계는 약 6600만 년인 것을 암기해야 한다.
2. 방위 표시가 없어도 경도를 보고 동서 방향을 구분할 수 있어야 한다.

35 정답 : ①

〈문제 상황 파악하기〉

지진파의 속도를 보고 맨틀의 온도를 파악할 수 있어야 한다.

〈선지 판단하기〉

ㄱ 선지 지진파 속도는 ㉠ 지점보다 ㉡ 지점이 느리다. (O)

　　　　자료 해석을 통해 ㉡ 지점의 속도가 더 느린 것을 확인할 수 있다.

ㄴ 선지 ㉡ 지점에는 차가운 플룸이 존재한다. (X)

　　　　㉡ 지점 아래에는 상승하는 뜨거운 플룸이 존재한다.

ㄷ 선지 화산섬을 생성시킨 플룸은 내핵과 외핵의 경계부에서 생성되었다. (X)

　　　　뜨거운 플룸은 맨틀과 외핵이 경계부에서 생성되었다.

〈기출문항에서 가져가야 할 부분〉

1. 지진파의 속도가 느린 곳은 뜨거운 플룸이, 빠른 곳은 차가운 플룸이 존재한다.

36 정답 : ①

〈문제 상황 파악하기〉

A는 결정 크기가 작고 SiO_2 함량이 적으므로 현무암, B는 결정 크기가 크고 SiO_2 함량이 높으므로 화강암이다.

〈선지 판단하기〉

ㄱ 선지 생성 깊이는 A보다 B가 깊다. (O)

　　　　결정 크기가 큰 B는 A보다 깊은 곳에서 형성되었다.

ㄴ 선지 ⓒ 과정으로 생성되어 상승하는 마그마는 주변보다 밀도가 크다. (X)

　　　　주변보다 밀도가 작아야 상승할 수 있다.

ㄷ 선지 A는 ⑤ 과정에 의해 생성된 마그마가 굳어진 암석이다. (X)

　　　　⑤은 온도 상승으로 인해 화강암이 형성되는 과정이다.

〈기출문항에서 가져가야 할 부분〉

1. 마그마가 생성되는 3가지 과정을 모두 이해하고 있어야 한다.

2. 화성암의 결정 크기를 암기하고 있어야 한다.

37 정답 : ①

〈문제 상황 파악하기〉

A는 결정 크기가 작고 SiO_2 함량이 적으므로 현무암, B는 결정 크기가 크고 SiO_2 함량이 높으므로 화강암이다.

〈선지 판단하기〉

ㄱ 선지 압력 감소에 의한 마그마 생성 과정은 ⓒ이다. (O)

　　　　ⓒ은 온도 변화가 없고 깊이는 얕아지는 과정이므로 압력 감소에 의한 마그마 생성 과정이다.

ㄴ 선지 A는 B보다 마그마가 천천히 냉각되어 생성된다. (X)

　　　　현무암은 마그마가 지표 근처에서 빨리 냉각되어 생성된다.

ㄷ 선지 A는 ⑤ 과정으로 생성된 마그마가 굳어진 것이다. (X)

　　　　⑤은 온도 상승으로 인해 화강암이 형성되는 과정이다.

〈기출문항에서 가져가야 할 부분〉

1. 마그마가 생성되는 3가지 과정을 모두 이해하고 있어야 한다.

2. 화성암의 결정 크기를 암기하고 있어야 한다.

38 정답 : ①

〈문제 상황 파악하기〉

섭입대를 따라 차가운 플룸이 함께 내려가는 것을 파악할 수 있다.

〈선지 판단하기〉

ㄱ 선지 (가)에서 화산섬 A의 동쪽에 판의 경계가 위치한다. (O)

　　　　진원의 깊이가 연결된 부분 중 진원의 깊이가 가장 얕은 곳이 판 경계이므로 A의 동쪽에 위치한다.

ㄴ 선지 온도는 ⓒ 지점이 ③ 지점보다 높다. (X)

　　　　ⓒ 지점의 지진파 속도가 더 빠르므로 온도는 더 낮다.

ㄷ 선지 진원의 최대 깊이는 (가)가 (나)보다 깊다. (X)

　　　　자료 해석을 통해 진원의 최대 깊이는 (나)가 더 깊은 것을 알 수 있다.

〈기출문항에서 가져가야 할 부분〉

1. 진원의 깊이를 보고 판이 섭입하는 방향을 파악할 수 있어야 한다.
2. 지진파의 속도를 보고 맨틀의 온도를 파악할 수 있어야 한다.

39 정답 : ③

〈문제 상황 파악하기〉

지괴와 각 지괴의 고지자기극과의 거리를 이어 특정 시기 지괴의 위치를 파악할 수 있어야 한다.

〈선지 판단하기〉

ㄱ 선지 140Ma~0Ma 동안 A는 적도에 위치한 시기가 있었다. (O)

　　　　A는 지속적으로 남하했다. 이때, 북반구에서 남반구로 넘어갔으므로 적도에 위치한 시기가 있었다.

ㄴ 선지 50Ma일 때 복각의 절댓값은 A가 B보다 크다. (X)

　　　　각 지괴와 50Ma까지의 거리를 이어보면 B의 거리가 더 짧다. 따라서 B가 더 고위도에 있었으므로 복각의 절댓값은 B가 더 크다.

ㄷ 선지 80Ma~20Ma 동안 지괴의 평균 이동 속도는 A가 B보다 빠르다. (O)

　　　　각 지괴의 80Ma부터 20Ma까지 A가 더 많이 이동했으므로 평균 이동 속도 또한 A가 B보다 크다.

〈기출문항에서 가져가야 할 부분〉

1. 현재 지괴와 고지자기극과의 관계를 파악할 수 있어야 한다.
2. 시기별 고지자기극의 위치 변화를 보고 평균 이동 속도를 구할 수 있어야 한다.

40 정답 : ⑤

〈문제 상황 파악하기〉

판 구조론의 정립 과정 중 나타난 이론에 대한 내용을 떠올릴 수 있어야 한다.

〈선지 판단하기〉

ㄱ 선지 ㉠은 판게아이다. (O)

　　　　베게너가 주장한 대륙 이동설에 등장한 초대륙은 판게아이다.

ㄴ 선지 '같은 종류의 화석이 멀리 떨어진 여러 대륙에서 발견된다.'는 ㉡에 해당한다. (O)

　　　　베게너가 주장한 대륙 이동설의 증거 중 하나는 화석 분포의 연속성이다.

ㄷ 선지 '해령'은 ㉢에 해당한다. (O)

　　　　해양저 확장설은 해령에서 새로운 해양 지각이 형성된다는 이론이다.

〈기출문항에서 가져가야 할 부분〉

1. 판 구조론의 정립 과정 중 나타난 각 이론의 증거를 생각할 수 있어야 한다.

41 정답 : ①

〈문제 상황 파악하기〉

A는 SiO_2 함량이 58%이므로 안산암질 마그마가, B는 물의 첨가로 인해 주로 현무암질 마그마가 형성된다.

〈선지 판단하기〉

ㄱ 선지 A가 분출하면 반려암이 생성된다. (X)

　　　　안산암질 마그마가 분출하면 안산암이 생성된다.

ㄴ 선지 ㉠은 58보다 작다. (O)

　　　　현무암질 마그마의 SiO_2 함량은 52% 이하이다.

ㄷ 선지 B는 주로 압력 감소에 의해 생성된다. (X)

　　　　B는 물의 첨가에 의해 생성된다.

〈기출문항에서 가져가야 할 부분〉

1. 각 위치별 마그마가 생성되는 과정을 암기하고 있어야 한다.
2. 마그마가 분출하면 화산암이 형성된다.

42 정답 : ⑤

〈문제 상황 파악하기〉

지진파의 속도가 주변보다 빠른 B는 섭입대가 존재한다. 따라서 ㉠은 수렴형 경계, ㉡은 발산형 경계이다.

〈선지 판단하기〉

ㄱ 선지   ㉠의 판 경계에서 동쪽으로 갈수록 지진이 발생하는 깊이는 대체로 깊어진다. (O)

   지진파 분포를 보고 ㉠의 동쪽으로 섭입대가 수렴하고 있는 것을 확인할 수 있다.

ㄴ 선지   판 경계 부근의 평균 수심은 ㉠이 ㉡보다 깊다. (O)

   평균 수심은 수렴형 경계가 더 깊다.

ㄷ 선지   온도는 A 지점이 B 지점보다 높다. (O)

   지진파의 속도가 더 느린 A 지점의 온도가 더 높다.

〈기출문항에서 가져가야 할 부분〉

1. 지진파의 분포를 보고 섭입대의 수렴 방향을 파악할 수 있어야 한다.

2. 판 경계의 평균 수심은 수렴형 경계가 가장 깊다.

43 정답 : ⑤

〈문제 상황 파악하기〉

(가)는 사층리가 나타나 있다. (나)는 정단층과 건열이 나타나 있다.

〈선지 판단하기〉

① 선지   (가)에는 연흔이 나타난다. (X)

   (가)에는 사층리가 나타난다.

② 선지   A는 B보다 나중에 퇴적되었다. (X)

   사층리의 경사 방향을 보고 A가 먼저 퇴적된 것을 확인할 수 있다.

③ 선지   (나)에는 역전된 지층이 나타난다. (X)

   건열의 모양을 보고 역전되지 않은 것을 확인할 수 있다.

④ 선지   (나)의 단층은 횡압력에 의해 형성되었다. (X)

   (나)의 지층에서 상반이 아래로 내려갔으므로 장력에 의해 정단층이 형성된 것을 확인할 수 있다.

⑤ 선지   (나)는 형성 과정에서 수면 위로 노출된 적이 있다. (O)

   (나)에 건열이 형성되어 있는 것을 확인할 수 있다. 따라서 수면 위에서 형성되었다.

〈기출문항에서 가져가야 할 부분〉

1. 퇴적 구조의 특징을 암기하고 있어야 한다.

2. 정단층과 역단층을 구분할 수 있어야 한다.

44 정답 : ③

〈문제 상황 파악하기〉

A층은 삼엽충이 존재하므로 고생대, C층은 암모나이트가 존재하므로 중생대에 형성되었다.

〈선지 판단하기〉

ㄱ 선지 A층은 D층보다 먼저 생성되었다. (O)

　　　　A층은 고생대에, D층은 중생대 또는 신생대에 형성되었다.

ㄴ 선지 B층과 C층은 부정합 관계이다. (O)

　　　　B층은 고사리가 존재하므로 육성층, C층은 암모나이트가 존재하므로 해성층이다.

ㄷ 선지 C층은 판게아가 형성되기 전에 퇴적되었다. (X)

　　　　C층은 중생대에 형성되었으므로 판게아가 형성된 후 퇴적되었다.

〈기출문항에서 가져가야 할 부분〉

1. 각 지층의 산출 화석을 보고 지층 간의 관계를 파악할 수 있어야 한다.

2. 육성층과 해성층이 붙어있다면 두 지층은 부정합이 관계이다.

45 정답 : ②

〈문제 상황 파악하기〉

A는 점이층리, B는 사층리가 나타난다.

〈선지 판단하기〉

ㄱ 선지 A는 ㉠보다 ㉡에서 잘 생성된다. (X)

　　　　점이층리는 주로 수심이 깊은 환경에서 나타난다.

ㄴ 선지 B를 통해 퇴적물이 공급된 방향을 알 수 있다. (O)

　　　　사층리를 통해 퇴적물이 공급된 방향을 알 수 있다.

ㄷ 선지 ㉡은 퇴적 환경 중 육상 환경에 해당한다. (X)

　　　　삼각주는 육지와 바다 사이에서 형성되는 연안 환경에 해당한다.

〈기출문항에서 가져가야 할 부분〉

1. 퇴적 환경에 따른 퇴적 구조를 떠올릴 수 있어야 한다.

2. 퇴적 구조의 특징을 암기하고 있어야 한다.

46 정답 : ③

〈문제 상황 파악하기〉

화성암 A의 모원소 : 자원소 비율이 1:1이므로 반감기는 1번 지났다. 따라서 A의 연령은 0.5억 년이다.

화성암 B의 모원소 : 자원소 비율이 1:3이므로 반감기는 2번 지났다. 따라서 B의 연령은 4억 년이다.

〈선지 판단하기〉

ㄱ 선지 이 지역에는 난정합이 나타난다. (O)

　　　　기저 역암 아래에 변성암이 나타나므로 두 지층은 난정합 관계이다.

ㄴ 선지 퇴적암의 연령은 0.5억 년보다 많다. (O)

　　　　퇴적암은 화성암 A보다 먼저 쌓였으므로 0.5억 년보다 나이가 많다.

ㄷ 선지 현재로부터 2억 년 후 화성암 B에 포함된 $\dfrac{Y'\,함량}{Y\,함량}$은 8이다. (X)

　　　　2억 년 후 화성암 B는 반감기가 3번 지나므로 $\dfrac{Y'\,함량}{Y\,함량}$은 7이다.

〈기출문항에서 가져가야 할 부분〉

1. 모원소 : 자원소 비율과 반감기를 보고 화성암의 연령을 파악할 수 있어야 한다.

2. 난정합이 형성되는 과정을 암기할 수 있어야 한다.

47 정답 : ①

<문제 상황 파악하기>

A는 실루리아기, B는 석탄기, C는 백악기이다. ㉠은 암모나이트, ㉡은 삼엽충이다.

<선지 판단하기

① 선지 A는 실루리아기이다. (O)

A는 실루리아기이다.

② 선지 B에 파충류가 번성하였다. (X)

파충류가 번성한 시기는 중생대이다.

③ 선지 판게아는 C에 형성되었다. (X)

판게아는 고생대 말에 형상되었다.

④ 선지 ㉠은 A를 대표하는 표준 화석이다. (X)

암모나이트는 중생대를 대표하는 표준 화석이다.

⑤ 선지 ㉠과 ㉡은 육상 생물의 화석이다. (X)

암모나이트와 삼엽충은 해양 생물 화석이다.

<기출문항에서 가져가야 할 부분>

1. 각 시대의 순서를 알 수 있어야 한다.

2. 각 시기별 특징을 암기할 수 있어야 한다.

48 정답 : ②

〈문제 상황 파악하기〉

모래의 비율이 높은 A는 사암, 자갈의 비율이 높은 C는 역암이다. 따라서 B는 셰일이다.

〈선지 판단하기〉

ㄱ 선지 A는 셰일이다. (X)

　　　　A는 사암이다.

ㄴ 선지 연흔은 C층에서 주로 나타난다. (X)

　　　　연흔은 주로 입자의 크기가 작은 사암이나 셰일에 나타난다.

ㄷ 선지 A, B, C는 쇄설성 퇴적암이다. (O)

　　　　세 퇴적암 모두 쇄설성 퇴적암이다.

〈기출문항에서 가져가야 할 부분〉

1. 각 퇴적암의 입자 크기에 대해서 알아야 한다.

2. 연흔, 건열, 사층리는 역암층에서 나타나지 않는다.

49 정답 : ②

〈문제 상황 파악하기〉

A는 로디니아가 형성된 원생 누대이다. C는 남세균이 최초로 출현한 시생 누대이다. 따라서 B는 현생 누대이다.

〈선지 판단하기〉

ㄱ 선지 A는 시생 누대이다. (X)

　　　　A는 원생 누대이다.

ㄴ 선지 가장 큰 규모의 대멸종은 B 시기에 발생했다. (O)

　　　　가장 큰 규모의 대멸종은 고생대 말인 B 시기에 발생했다.

ㄷ 선지 C 시기 지층에서는 에디아카라 동물군 화석이 발견된다. (X)

　　　　에디아카라 동물군은 원생 누대 이후의 지층부터 나타난다.

〈기출문항에서 가져가야 할 부분〉

1. 로디니아는 약 12억 년 전인 원생 누대에 형성되었다.

2. 시생 누대와 원생 누대에는 생물체가 거의 존재하지 않았다.

50 정답 : ④

〈문제 상황 파악하기〉

암석의 형성 순서는 A→B→C이다. 또한, 역단층과 습곡 구조가 나타난다.

〈선지 판단하기〉

ㄱ 선지   습곡은 단층보다 나중에 형성되었다. (X)

　　　　　습곡이 나타난 지층이 끊겨있으므로 습곡이 형성된 후 단층이 형성되었다.

ㄴ 선지   최소 4회의 융기가 있었다. (O)

　　　　　이 지역에는 총 3번의 부정합이 나타난다.

　　　　　① B 지층 위에 기저 역암이 나타나므로 부정합이다.

　　　　　② C 지층의 관입이 끊겼으므로 부정합이다.

　　　　　③ 단층이 지표까지 연결되지 않았으므로 부정합이다.

　　　　　이 지역은 육지이므로 최소 4번의 융기가 있었다.

ㄷ 선지   A, B, C의 생성 순서는 A→B→C이다. (O)

　　　　　A, B, C의 생성 순서는 A→B→C이다.

〈기출문항에서 가져가야 할 부분〉

1. 수면 위로 드러난 지역이라면 그 지역의 최소 융기 횟수는 부정합 횟수 + 1번이다.

2. 부정합을 판단하는 여러 근거를 알고 있어야 한다.

51 정답 : ③

〈문제 상황 파악하기〉

1억 년 후 X의 모원소 : 자원소가 1:1인 것을 통해 반감기가 1억 년인 것을 확인할 수 있다.

2억 년 후 Y의 모원소 : 자원소가 1:15인 것을 통해 반감기가 0.5억 년인 것을 확인할 수 있다.

〈선지 판단하기〉

ㄱ 선지 화강암에 포함된 방사성 원소는 X이다. (O)

화강암 속에 포함된 방사성 동위 원소 함량이 12.5%이므로 반감기가 3번 지났다. 이때 셰일 속에 삼엽충이 존재하므로 셰일의 생성 시기는 5.4억 년 전~2.5억 년 전 사이여야 한다. 따라서 화강암 속에 포함된 방사성 원소는 X이다.

ㄴ 선지 ㉠은 3이다. (O)

Y의 반감기는 0.5억 년이므로 ㉠은 3이다.

ㄷ 선지 반감기는 X가 Y의 4배이다. (X)

반감기는 X가 Y의 2배이다.

〈기출문항에서 가져가야 할 부분〉

1. 반감기를 판단할 수 있는 여러 비율을 암기하고 있어야 한다.

2. 암석의 생성 시기를 화석의 종류를 통해 판단할 수 있어야 한다.

52 정답 : ①

〈문제 상황 파악하기〉

(가)는 판게아가 분리된 후 대륙 분포이다. (나)는 신생대에, (다)는 고생대에 번성했다.

〈선지 판단하기〉

ㄱ 선지 히말라야산맥은 (가)의 시기보다 나중에 형성되었다. (O)

히말라야산맥은 신생대에 인도 대륙과 유라시아 대륙이 충돌하면서 형성되었다. (가)의 인도 대륙은 유라시아 대륙과 아직 충돌하지 않았다.

ㄴ 선지 (나)와 (다)의 고생물은 모두 육상에서 서식하였다. (X)

(다)는 고생대 바다에 살던 생물이다.

ㄷ 선지 (가)의 시기에는 (다)의 고생물이 번성하였다. (X)

(가)는 중생대 이후이므로 필석은 멸종했다.

〈기출문항에서 가져가야 할 부분〉

1. 대륙의 분포를 보고 지질 시대를 파악할 수 있어야 한다.
2. 인도 대륙의 위치를 파악할 수 있어야 한다.

53 정답 : ②

〈문제 상황 파악하기〉

(나) 자료를 보면 X→Y로 가면서 나이가 많아지다 일정해진다. 이는 이암과 셰일 사이에 부정합이 존재하고, 화강암은 나중에 관입한 것으로 해석할 수 있다.

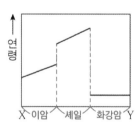

〈선지 판단하기〉

ㄱ 선지 P 지점의 모습은 ㉠에 해당한다. (X)

이암은 사암보다 먼저 형성되었으므로 역전된 ㉡에 해당한다.

ㄴ 선지 단층 $f - f'$은 횡압력에 의해 형성되었다. (O)

단층 $f - f'$은 상반이 위로 올라간 역단층에 해당한다.

ㄷ 선지 이 지역에서는 난정합이 나타난다. (X)

이 지역에는 부정합은 나타나지만 난정합은 아니다. 지층이 형성된 후 화강암이 관입한 것이다.

〈기출문항에서 가져가야 할 부분〉

1. 난정합과 단순한 관입을 구분할 수 있어야 한다.
2. 연령 그래프를 보고 어느 위치에 어느 지층이 있는지 파악할 수 있어야 한다.

54 정답 : ④

〈문제 상황 파악하기〉

X의 반감기는 t_1이다. 이때, X의 양이 80% → 40%가 된 것은 반감기가 1회 지난 것이다.

따라서 t_2-0.5억 년도 반감기에 해당한다.

〈선지 판단하기〉

ㄱ 선지 A가 생성된 후 $2t_1$이 지났을 때 $\dfrac{X의 \ 양(\%)}{Y의 \ 양(\%)}$ 은 $\dfrac{1}{4}$ 이다. (X)

반감기는 t_1이므로 $2t_1$이 지나면 반감기는 2번 지났으므로 $\dfrac{X의 \ 양(\%)}{Y의 \ 양(\%)}$ 은 $\dfrac{1}{3}$ 이다.

ㄴ 선지 $(t_2 - t_1)$은 0.5억 년이다. (O)

t_1=t_2-0.5억 년이므로 이항하면 $(t_2 - t_1)$은 0.5억 년이다.

ㄷ 선지 A가 생성된 후 1억 년이 지났을 때 X의 양은 60%보다 크다. (O)

그래프를 해석하면 0.5억 년 동안 X의 양은 처음 양의 $\dfrac{4}{5}$ 가 되었다.

따라서 80%에서 0.5억 년이 지나면 $80 \times \dfrac{4}{5} = 64$이므로 64%이다.

〈기출문항에서 가져가야 할 부분〉

1. 반감기는 50%일 때만 찾을 수 있는 것이 아니다. 반으로 줄어들면 반감기가 1회 지난 것을 알아야 한다.

2. 반감기를 몰라도 동일 시간 동안 동일 비율만큼 자원소가 줄어든다는 것을 암기해야 한다.

55 정답 : ②

〈문항의 발문 해석하기〉

다음은 판 구조론이 정립되는 과정에서 등장한 이론에 대하여 학생 A, B, C가 나눈 대화를 나타낸 것이다. ㉠과 ㉡은 각각 대륙 이동설과 해양저 확장설 중 하나이다.

▶ 판 구조론이 정립되는 과정에서 등장한 대륙 이동설, 해양저 확장설에 대한 내용을 떠올릴 수 있어야 한다.

〈문항의 자료 해석하기〉

이론	내용
㉠	과거에 하나로 모여있던 초대륙 판게아가 분리되고 이동하여 현재와 같은 수륙 분포가 되었다.
㉡	해령을 축으로 해양 지각이 생성되고 양쪽으로 멀어짐에 따라 해양저가 확장된다.

㉠은 초대륙 판게아를 예시로 설명한 이론으로 베게너가 주장한 대륙 이동설이다.

㉡은 해령에서 새로운 해양 지각이 생성된다는 해양저 확장설이다.

〈선지 판단하기〉

학생 A ㉠은 해양저 확장설에 해당해. (X)

ㄴ ㉠은 대륙 이동설에 해당한다.

학생 B ㉠을 제시한 베게너는 대륙을 움직이는 힘을 맨틀 대류로 설명했어. (X)

대륙 이동설을 제시한 베게너는 대륙이 움직이는 원동력을 설명하지 못했다.

학생 C 해령에서 멀어질수록 해양 지각의 연령이 증가하는 것은 ㉡의 증거가 될 수 있어. (O)

해양저 확장설에서는 해령에서 멀어질수록 해양 지각의 연령과 두께가 증가하고 수심이 깊어진다는 것을 주장했다.

〈기출문항에서 가져가야 할 부분〉

1. 판 구조론의 정립 과정 중 나타난 이론에 대한 내용을 암기

56 정답 : ⑤

〈문항의 발문 해석하기〉

다음은 쇄설성 퇴적암이 형성되는 과정의 일부를 알아보기 위한 실험이다.

► 쇄설성 퇴적암의 종류 및 퇴적암의 형성 과정을 떠올릴 수 있어야 한다.

〈문항의 자료 해석하기〉

〔실험 목표〕
○ 쇄설성 퇴적암이 형성되는 과정 중 (㉠)을/를 설명할 수 있다.

〔실험 과정〕
(가) 크기가 다양한 자갈, 모래, 점토를 각각 준비하여 투명한 원통에 넣는다.
(나) (가)의 원통의 퇴적물에서 입자 사이의 빈 공간(공극)의 모습을 관찰한다.
(다) 컵에 석회질 물질과 물을 부어 석회질 반죽을 만든다.
(라) ㉡석회질 반죽을 (가)의 원통에 부어 퇴적물이 쌓인 높이(h)까지 채운 후 건조시켜 굳힌다.
(마) (라)의 입자 사이의 빈 공간(공극)의 모습을 관찰한다.

〔실험 결과〕

| ㉢ (나)의 결과 | ㉣ (마)의 결과 |

다양한 크기의 퇴적물 사이에 석회질 반죽을 붓고 있다. 이는 속성 작용 중 교결 작용에 해당하는 실험 과정이다.

〈선지 판단하기〉

ㄱ 선지 '교결 작용'은 ㉠에 해당한다. (O)

  석회질 반죽이 교결 물질에 해당한다.

ㄴ 선지 ㉡은 퇴적물 입자들을 단단하게 결합시켜 주는 물질에 해당한다. (O)

  교결 물질은 퇴적물의 입자들을 단단하게 결합시켜 주는 역할을 한다.

ㄷ 선지 단위 부피당 공극이 차지하는 부피는 ㉢이 ㉣보다 크다. (O)

  석회질 반죽에 의해 공극은 줄어들었으므로 ㉢의 공극이 더 크다.

〈기출문항에서 가져가야 할 부분〉

1. 퇴적물이 퇴적암이 되는 속성 작용에 대해 암기
2. 속성 작용이 일어나면서 단위 부피당 공극이 차지하는 부피는 줄어듦

57 정답 : ④

〈문항의 발문 해석하기〉

그림은 마그마가 생성되는 지역 A, B, C를 나타낸 것이다.

► 마그마가 생성되는 판 경계와 마그마의 생성되는 과정에 대해서 떠올릴 수 있어야 한다.

〈문항의 자료 해석하기〉

A는 해령이므로 현무암질 마그마가 생성된다. B는 대륙 지각 부근이므로 유문암질 마그마가 생성된다. C는 섭입대 부근이므로 현무암질 마그마가 생성된다.

〈선지 판단하기〉

ㄱ 선지 생성되는 마그마의 SiO_2 함량(%)은 A가 B보다 낮다. (O)

A에서는 현무암질 마그마가, B에서는 유문암질 마그마가 형성된다.

ㄴ 선지 A에서 주로 생성되는 암석은 유문암이다. (X)

해령에서 주로 생성되는 암석은 현무암이다.

ㄷ 선지 C에서 물의 공급은 암석의 용융 온도를 감소시키는 요인에 해당한다. (O)

섭입대에서 공급되는 물로 인해 암석의 용융 온도가 감소하여 마그마가 형성된다.

〈기출문항에서 가져가야 할 부분〉

1. 마그마가 생성되는 환경과 각 환경에서 마그마가 형성되는 과정 암기
2. 마그마의 용융 곡선 그래프 생각하기

58 정답 : ②

〈문항의 발문 해석하기〉

그림은 플룸 구조론을 나타낸 모식도이다. A와 B는 각각 뜨거운 플룸과 차가운 플룸 중 하나이다.

▶모식도를 보고 뜨거운 플룸과 차가운 플룸을 구분할 수 있어야 한다.

〈문항의 자료 해석하기〉

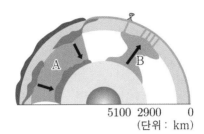

5100 2900   0
(단위 : km)

A는 하강하는 차가운 플룸이고, B는 상승하는 뜨거운 플룸이다.

〈선지 판단하기〉

ㄱ 선지 A는 뜨거운 플룸이다. (X)

    A는 차가운 플룸이다.

ㄴ 선지 B에 의해 여러 개의 화산이 형성될 수 있다. (O)

    뜨거운 플룸에 의해 열점이 형성된다. 이 열점에 의해 여러 개의 화산섬이 생성될 수 있다.

ㄷ 선지 B는 내핵과 외핵의 경계에서 생성된다. (X)

    뜨거운 플룸은 맨틀과 외핵의 경계에서 생성된다.

〈기출문항에서 가져가야 할 부분〉

1. 뜨거운 플룸의 상승은 맨틀과 외핵의 경계

2. 판의 이동에 의해 열점에서는 여러 개의 화산 형성

59 정답 : ⑤

그림은 어느 지역의 지질 단면을 나타낸 것이다.

►지질 단면을 보고 지층의 생성 순서를 파악할 수 있어야 한다.

〈문항의 자료 해석하기〉

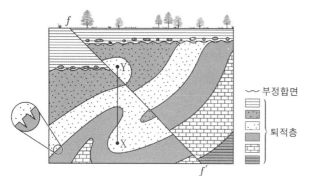

여러 지층의 모습이 나타나 있다. 지질 구조의 생성 순서를 파악해보면 습곡→부정합→단층 순서로 형성된 것을 알 수 있다.

〈선지 판단하기〉

ㄱ 선지 단층 $f-f'$은 장력에 의해 형성되었다. (X)

단층 $f-f'$에서 상반은 위로 올라갔다. 따라서 횡압력에 의해 역단층이 형성되었다.

ㄴ 선지 습곡과 단층의 형성 시기 사이에 부정합면이 형성되었다. (O)

부정합면 아래에 습곡이 존재하고, 부정합면이 끊겨있으므로 습곡→부정합→단층의 순서로 형성된 것을 알 수 있다.

ㄷ 선지 X→Y를 따라 각 지층 경계를 통과할 때의 지층 연령의 증감은 '증가→감소→감소→증가'이다. (O)

X-Y 구간을 살펴보면 오른쪽 그림과 같이 나타낼 때 X→Y로 갈수록 변화하는 각 지층 경계의 나이 변화를 파악해보자

①→② : 증가, ②→③ : 감소,

③→④ : 감소, ④→⑤ : 증가

따라서 지층 연령의 증감은 '증가→감소→감소→증가'이다.

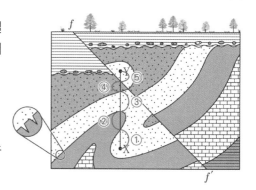

〈기출문항에서 가져가야 할 부분〉

1. 지층의 연령 증감을 판단할 때 구간 정해두기

60 정답 : ③

〈문항의 발문 해석하기〉

그림은 방사성 동위 원소 X의 붕괴 곡선의 일부를 나타낸 것이다. 화성암에 포함된 X의 자원소 Y는 모두 X가 붕괴하여 생성되었다.

▶붕괴 곡선을 보고 반감기 및 X의 양 비율 변화를 파악할 수 있어야 한다.

〈문항의 자료 해석하기〉

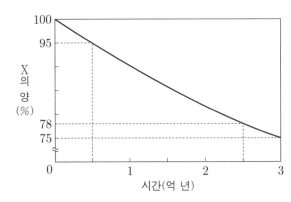

해당 자료에는 X의 양이 50%가 되는 시간을 알 수 없으므로 정확한 반감기를 구할 수 없다.

그러나 X의 양이 75%가 되는데 3억 년이 지났으므로 반감기는 6억 년보다 길다.

처음 양의 $\frac{3}{4}$가 되는 데 3억 년이 걸린 것이므로 75%에서 다시 3억 년이 지나면 모원소의 양은 $75\% \times \frac{3}{4}$ = 56.25%이다.

〈선지 판단하기〉

ㄱ 선지 현재의 X의 양이 95%인 화성암은 속씨식물이 존재하던 시기에 생성되었다. (O)

속씨식물은 중생대 말에 출현했다. 95%일 때 연령은 0.5억 년이다.
따라서 속씨식물은 존재한다.

ㄴ 선지 X의 반감기는 6억 년보다 길다. (O)

X의 반감기는 6억 년보다 길다. 아래로 볼록인 함수의 특징을 이용해도 이를 파악할 수 있다.

ㄷ 선지 중생대에 생성된 모든 화성암에서는 현재의 $\dfrac{X의 \ 양(\%)}{Y의 \ 양(\%)}$이 4보다 크다. (X)

$\dfrac{X의 \ 양(\%)}{Y의 \ 양(\%)}$이 4보다 크기 위해서는 X의 양이 80%보다 많아야 한다.

중생대는 약 2.5억 년 전부터 약 0.66억 년 전이므로 X의 양이 80%보다 낮은 시기도 존재한다.

〈기출문항에서 가져가야 할 부분〉

1. 방사성 동위 원소 그래프는 시간이 지날수록 모원소의 양의 감소하는 비율이 감소함

61 정답 : ④

〈문항의 발문 해석하기〉

그림은 방사성 동위 원소를 이용하여 암석의 절대 연령을 구하는 원리에 대하여 학생 A, B, C가 나눈 대화를 나타낸 것이다.

▶ 반감기를 구하고 모원소 : 자원소의 비율을 파악할 수 있어야 한다.

〈문항의 자료 해석하기〉

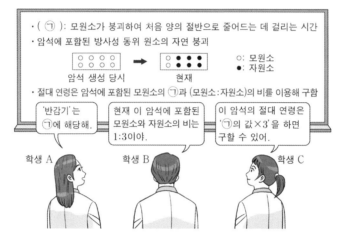

㉠은 반감기의 정의라는 것을 알 수 있어야 한다.

다음 표를 보고 모원소 : 자원소 비율과 반감기 사이의 관계를 파악해야 한다.

모원소 : 자원소	반감기
1 : 1	1회
1 : 3	2회
1 : 7	3회
1 : 15	4회

〈선지 판단하기〉

학생 A   '반감기'는 ㉠에 해당해. (O)

㉠은 반감기의 정의이다.

학생 B   현재 이 암석에 포함된 모원소와 자원소의 비는 1 : 3이야. (O)

자료 해석을 통해 모원소와 자원소의 비가 1 : 3인 것을 알 수 있다.

학생 C   이 암석의 절대 연령은 '㉠의 값× 3'을 하면 구할 수 있어. (X)

모원소 : 자원소의 비율이 1 : 3이므로 반감기는 두 번 지났다.

따라서 절대 연령은 반감기×2를 하면 구할 수 있다.

〈기출문항에서 가져가야 할 부분〉

1. 반감기의 정의 암기

2. 모원소 : 자원소 비율과 반감기 사이의 관계 암기

62 정답 : ③

〈문항의 발문 해석하기〉

그림은 암석의 용융 곡선과 지역 ㉠, ㉡의 지하 온도 분포를 깊이에 따라 나타낸 것이다. ㉠과 ㉡은 각각 해령과 섭입대 중 하나이다.

▶ 각 지역에 따른 지하의 온도 분포를 떠올릴 수 있어야 한다. 해령은 맨틀 물질의 상승이, 섭입대는 맨틀 물질의 하강이 일어난다.

〈문항의 자료 해석하기〉

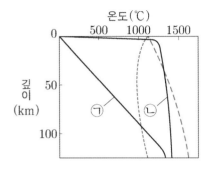

해령에서는 맨틀 물질이 상승하므로 지하의 온도가 주변보다 높다. 따라서 ㉡은 해령이다.

섭입대에서는 맨틀 물질이 하강하므로 지하의 온도가 주변보다 낮다. 따라서 ㉠은 섭입대이다.

〈선지 판단하기〉

ㄱ 선지 ㉠에서는 물이 포함된 맨틀 물질이 용융되어 마그마가 생성된다. (O)

섭입대에서는 물의 첨가로 인해 물이 포함된 맨틀 물질이 녹아 마그마가 생성된다.

ㄴ 선지 ㉡에서는 주로 유문암질 마그마가 생성된다. (X)

해령에서는 압력 감소로 인해 주로 현무암질 마그마가 생성된다.

ㄷ 선지 맨틀 물질이 용융되기 시작하는 온도는 ㉠이 ㉡보다 낮다. (O)

마그마가 생성되는 온도는 현무암질 마그마가 유문암질 마그마보다 높다.

〈기출문항에서 가져가야 할 부분〉

1. 판 경계와 지하 온도 사이의 관계 파악하기
2. 마그마가 생성되는 온도 암기하기

63 정답 : ④

〈문항의 발문 해석하기〉

그림은 40억 년 전부터 현재까지 지질 시대 A~E의 지속 기간을 비율로 나타낸 것이다.

▶ 각 지질 시대의 지속 기간을 떠올릴 수 있어야 한다.

〈문항의 자료 해석하기〉

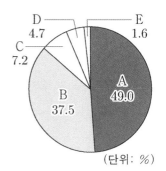

지질 시대의 지속 기간은 원생 누대가 가장 길고, 다음은 시생 누대, 마지막은 현생 누대이다.

A는 원생 누대, B는 시생 누대이다.

현생 누대의 지속 기간은 고생대, 중생대, 신생대 순으로 각각 C, D, E이다.

〈선지 판단하기〉

ㄱ 선지 최초의 다세포 동물이 출현한 시기는 B이다. (X)

　　　　최초의 다세포 동물은 원생 누대에 출현하였다.

ㄴ 선지 최초의 척추동물이 출현한 시기는 C이다. (O)

　　　　최초의 척추동물은 고생대 때 출현했다.

ㄷ 선지 히말라야 산맥이 형성된 시기는 E이다. (O)

　　　　히말라야 산맥은 신생대 초에 형성되었다.

〈기출문항에서 가져가야 할 부분〉

1. 각 지질 시대 비율 순서 암기
2. 각 지질 시대 특징 암기

64 정답 : ⑤

〈문항의 발문 해석하기〉

그림은 판의 경계와 최근 발생한 화산 분포의 일부를 나타낸 것이다.

▶암기해둔 판 경계의 위치를 떠올리고 각 판 경계의 특징을 생각할 수 있어야 한다.

〈문항의 자료 해석하기〉

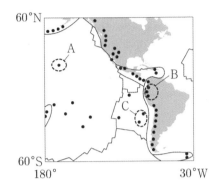

A와 C는 판 한 가운데에 존재하는 열점에 의해 만들어진 화산섬이다.

B는 나스카판과 남아메리카 판이 충돌하며 만들어진 화산섬이다.

〈선지 판단하기〉

ㄱ 선지   지역 A의 하부에는 외핵과 맨틀의 경계부에서 상승하는 플룸이 있다. (O)

　　　　열점은 외핵과 맨틀의 경계부에서 상승하는 플룸에 의해 형성된다.

ㄴ 선지   지역 B의 하부에는 맨틀 대류의 하강류가 존재한다. (O)

　　　　B 지역은 섭입대가 존재하므로 맨틀 대류의 하강부가 존재한다.

ㄷ 선지   암석권의 평균 두께는 지역 B가 지역 C보다 두껍다. (O)

　　　　해양판보다 대륙판의 평균 두께가 더 두껍다. 따라서 암석권의 평균 두께는 B가 C보다 두껍다.

〈기출문항에서 가져가야 할 부분〉

1. 지도를 보고 판 경계 및 열점 파악하기

2. 암석권의 평균 두께는 대륙판이 해양판보다 두껍다는 사실 암기하기

65 정답 : ④

〈문항의 발문 해석하기〉

그림은 어느 지역의 지질 단면을 나타낸 것이다.

► 지질 단면을 보고 암석의 생성 순서를 파악할 수 있어야 한다.

〈문항의 자료 해석하기〉

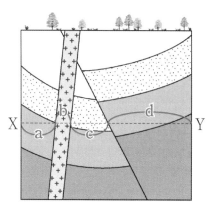

X-Y 구간을 위 그림과 같이 정의하자. X→Y로 갈수록 변화하는 지층의 연령을 파악해보자.

화성암이 관입했으므로 a→b 사이의 연령은 감소해야 한다.

b→c 사이의 연령은 증가해야 한다.

역단층이 나타나므로 c→d 사이의 연령은 증가해야 한다.

〈선지 판단하기〉

①, ② 선지   ① (X)   ② (X)

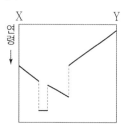   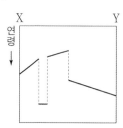

화성암의 연령이 가장 많을 수 없다.

③ 선지   ③ (X)

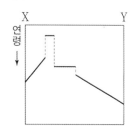

c 구간의 연령이 일정할 수 없다.

④ 선지 ④ (O)

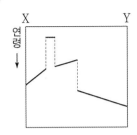

각 구간의 연령 증감을 모두 만족하는 정답이다.

⑤ 선지 ⑤ (X)

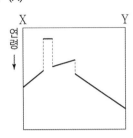

a 구간보다 d 구간의 나이가 많아야 한다. 연령이 같은 부분이 나타날 수 없으므로 정답이
아니다.

〈기출문항에서 가져가야 할 부분〉

1. 지층의 연령을 파악하기 위해서 구간 나누기

2. 지층의 자료를 보고 사소한 디테일 놓치지 않기

66 정답 : ①

〈문항의 발문 해석하기〉

그림은 남반구에 위치한 열점에서 생성된 화산섬의 위치와 연령을 나타낸 것이다. 해양판 A와 B에는 각각 하나의 열점이 존재하고, 열점에서 생성된 화산섬은 동일 경도상을 따라 각각 일정한 속도로 이동한다.

▶ 남반구라는 것을 반드시 우선적으로 확인하자. 열점의 위치를 찾기 위한 생각을 하고 각 열점에서 생성된 화산섬의 이동 방향을 보고 판의 이동 방향을 찾을 수 있어야 한다.

〈문항의 자료 해석하기〉

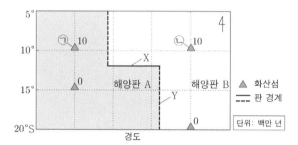

해양판 A에 존재하는 열점은 위도 약 15 ˚ S에 존재하고, 해양판 B에 존재하는 열점은 위도 약 20 ˚ S에 존재한다.

이때, ㉠과 ㉡의 방향으로 보아 해양판 A, B의 이동 방향은 북쪽이라는 것을 알 수 있다. 이때, 판의 이동 속도는 해양판 B가 2배 빠른 것을 알 수 있다.

따라서 판 경계 X는 해령, 판 경계 Y는 변환 단층인 것을 알 수 있다.

〈선지 판단하기〉

ㄱ 선지 판의 경계에서 화산 활동은 X가 Y보다 활발하다. (O)

화산 활동은 해령에서 활발하다.

ㄴ 선지 고지자기 복각의 절댓값은 화산섬 ㉠과 ㉡이 같다. (X)

㉠, ㉡ 모두 현재 위도는 같다. 그러나 화산섬 ㉠은 15 ˚ S에서 형성되었고, ㉡은 20 ˚ S에서 형성되었다. 따라서 고지자기 복각의 절댓값은 더 고위도에서 형성된 ㉡에서 크다.

ㄷ 선지 화산섬 ㉠에서 구한 고지자기극은 화산섬 ㉡에서 구한 고지자기극보다 저위도에 위치한다. (X)

화산섬 ㉠은 열점에서 형성된 후 약 5 ˚ 이동했다. 따라서 고지자기극은 85 ˚ N에 위치한다.
화산섬 ㉡은 열점에서 형성된 후 약 10 ˚ 이동했다. 따라서 고지자기극은 80 ˚ N에 위치한다.
그러므로 ㉠의 고지자기극이 더 고위도에 위치한다.

〈기출문항에서 가져가야 할 부분〉

1. 고지자기극을 찾는 방법 이해하기 (본문 p.63 참고)

67 정답 : ⑤

〈문항의 발문 해석하기〉

그림 (가), (나), (다)는 사층리, 연흔, 점이층리를 순서 없이 나타낸 것이다.

► 각 퇴적 구조의 특징을 떠올려야 한다.

〈문항의 자료 해석하기〉

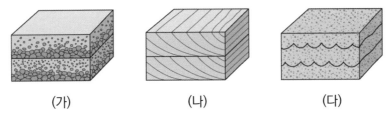

(가)는 아래로 갈수록 입자의 크기가 커지는 점이층리이다.

(나)는 퇴적물이 퇴적되는 방향을 알 수 있는 사층리이다.

(다)는 물결의 흐름이 나타나는 연흔이다.

〈선지 판단하기〉

ㄱ 선지 (가)는 점이층리이다. (O)

　　　　(가)는 점이층리이다.

ㄴ 선지 (나)는 지층의 역전 여부를 판단할 수 있는 퇴적 구조이다. (O)

　　　　점이층리뿐만 아니라 연흔, 건열, 사층리 모두 지층의 역전 여부를 판단할 수 있는 퇴적 구조이다.

ㄷ 선지 (다)는 역암층보다 사암층에서 주로 나타난다. (O)

　　　　연흔은 입자의 크기가 큰 역암층보다 입자의 크기가 작은 사암층에서 주로 나타난다.

〈기출문항에서 가져가야 할 부분〉

1. 퇴적 구조 4가지는 모두 지층의 역전 여부 판단 가능
2. 연흔, 건열, 사층리는 역암층에서 잘 나타나지 않음

68 정답 : ③

〈문항의 발문 해석하기〉

그림 (가)는 판 경계 주변에서 마그마가 생성되는 모습을, (나)는 깊이에 따른 지하의 온도 분포와 암석의 용융 곡선을 나타낸 것이다. ⊙과 ⓒ은 안산암질 마그마와 현무암질 마그마를 순서 없이 나타낸 것이다.

▶ 판 경계에서 마그마가 생성되는 과정을 떠올릴 수 있어야 한다. 또한, 암석의 용융 곡선 그래프를 보고 어떤 과정에 의해 마그마가 생성된 것인지 파악할 수 있어야 한다.

〈문항의 자료 해석하기〉

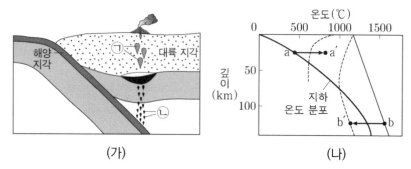

(가)   (나)

ⓒ은 물의 첨가로 인해 현무암질 마그마가 상승하는 과정을, ⊙은 상승한 마그마에 의해 대륙 지각의 온도가 상승해 유문암질 마그마가 생성된 후 두 마그마가 섞여 상승하는 과정을 나타내고 있다. ⇒ a→a′은 온도 상승에 의한 마그마 형성을 나타내고 있다.

b→b′은 물의 첨가에 의한 마그마 형성을 나타내고 있다.

〈선지 판단하기〉

ㄱ 선지   ⊙이 분출하여 굳으면 섬록암이 된다. (X)

         ⊙은 안산암질 마그마이다. 안산암질 마그마가 지표 근처에서 분출하여 굳으면 안산암이 된다.

ㄴ 선지   ⓒ은 a→a′과정에 의해 셍성된다. (X)

         ⓒ은 물의 첨가에 의해 마그마가 생성되는 과정이다. 따라서 b→b′에 해당한다.

ㄷ 선지 SiO_2 함량(%)은 ⊙이 ⓒ보다 높다. (O)

         SiO_2 함량은 안산암질 마그마가 현무암질 마그마보다 높다.

〈기출문항에서 가져가야 할 부분〉

1. 마그마가 지표 근처에서 '분출'하면 화산암(현무암, 안산암, 유문암) 형성

69 정답 : ③

〈문항의 발문 해석하기〉

그림은 현생 누대 동안 해양 생물 과의 수와 대멸종 시기 A, B, C를 나타낸 것이다.

▶ 해양 동물 과의 수와 시간을 보고 5번의 대멸종 중 어느 대멸종인지 파악할 수 있어야 한다.

〈문항의 자료 해석하기〉

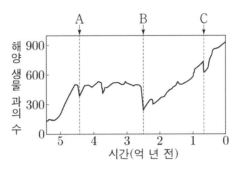

A는 오르도비스기 말 대멸종, B는 가장 큰 규모의 대멸종이 일어난 페름기 말, C는 백악기 말 대멸종이다.

〈선지 판단하기〉

ㄱ 선지 해양 생물 과의 수는 A가 B보다 많다. (O)

자료 해석을 통해 해양 생물 과의 수는 A가 B보다 많은 것을 알 수 있다.

ㄴ 선지 B와 C 사이에 생성된 지층에서 양치식물 화석이 발견된다. (O)

양치식물은 고생대 때 출현한 후 현재까지도 생존해 있다. 따라서 B와 C 지층 사이에는 양치식물의 화석이 발견될 수 있다.

ㄷ 선지 C는 쥐라기와 백악기의 지질 시대 경계이다. (X)

C는 백악기와 팔레오기의 지질 시대 경계이다.

〈기출문항에서 가져가야 할 부분〉

1. 총 5번의 대멸종 시기(오르도비스기, 데본기, 페름기, 트라이아스기, 백악기) 암기

70 정답 : ③

〈문항의 발문 해석하기〉

그림은 어느 지역의 지질 단면을 나타낸 것이다. 현재 화성암에 포함된 방사성 원소 X의 함량은 처음 양의 $\frac{1}{32}$ 이고, 지층 A에서는 방추충 화석이 산출된다.

► 지질 단면을 보고 지층의 생성 순서를 파악할 수 있어야 한다. 방사성 원소의 함량이 처음 양의 $\frac{1}{32}$ 인 것을 보고 반감기가 5회 지난 것을 알 수 있어야 한다. 지층 A의 생성 시기는 고생대이다.

〈문항의 자료 해석하기〉

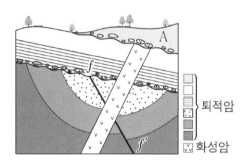

지질 구조의 생성 순서를 파악하면
습곡 → $f-f'$ 단층 → 부정합 → 관입 → 부정합인 것을 알 수 있다.

〈선지 판단하기〉

ㄱ 선지 경사 부정합이 나타난다. (O)

    부정합면 아래에 습곡이 존재하므로 경사 부정합이 나타난다.

ㄴ 선지 단층 $f-f'$은 화성암보다 먼저 형성되었다. (O)

    화성암은 단층 $f-f'$에 의해 끊기지 않았으므로 나중에 관입한 것이다.

ㄷ 선지 X의 반감기는 0.4억 년보다 짧다. (X)

    지층 A의 생성 시기는 고생대이다. 이때, 화성암은 5번의 반감기를 지났으므로 반감기는 최소 0.5억 년보다 길다는 것을 알 수 있다.

〈기출문항에서 가져가야 할 부분〉

1. 부정합면을 기준으로 아래 지층에 습곡 구조가 나타난다면 그 지역은 경사 부정합이 나타난다.

71 정답 : ②

〈문항의 발문 해석하기〉

그림은 남반구 중위도에 위치한 어느 해양 지각의 연령과 고지자기 줄무늬를 나타낸 것이다. ㈀과 ㈁은 각각 정자극기와 역자극기 중 하나이다.

▶ 고지자기 줄무늬를 통해 해령을 위치를 파악할 수 있어야 한다.

〈문항의 자료 해석하기〉

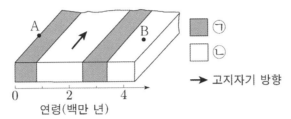

A를 기준으로 고지자기 줄무늬는 대칭이므로 A에 해령이 위치한다. 따라서 ㈀은 정자극기, ㈁은 역자극기 이다.

〈선지 판단하기〉

ㄱ 선지 해저 퇴적물의 두께는 A가 B보다 두껍다. (X)

해저 퇴적물의 두께는 해령에서 멀수록 두꺼워진다.

ㄴ 선지 A의 하부에는 맨틀 대류의 상승류가 존재한다. (O)

해령의 하부에는 맨틀 대류의 상승류가 존재한다.

ㄷ 선지 B는 A의 동쪽에 위치한다. (X)

고지자기를 통해 남극의 방향을 알 수 있다. 따라서 오른쪽과 같이 방위를 표시할 수 있다.

그러므로 B는 A보다 서쪽에 위치한다.

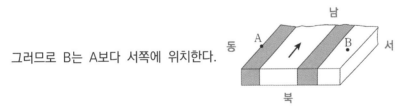

〈기출문항에서 가져가야 할 부분〉

1. 방위 기호가 없다면 함부로 방위를 결정할 수 없음
2. 역자극기 고지자기는 남극 방향을 가리킴

72 정답 : ⑤

〈문항의 발문 해석하기〉

그림은 지괴 A와 B의 현재 위치와 ㉠ 시기부터 ㉡ 시기까지 시기별 고지자기극의 위치를 나타낸 것이다. A와 B는 동일 경도를 따라 일정한 방향으로 이동하였으며, ㉠부터 현재까지의 어느 시기에 서로 한 번 분리된 후 현재의 위치에 있다.

▶ 현재 지괴의 위치와 시기별 고지자기극의 위치를 보고 시기별 지괴의 위치를 추측할 수 있다.

〈문항의 자료 해석하기〉

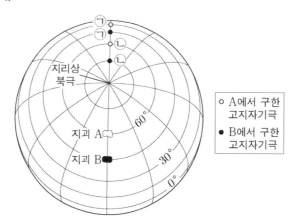

시기별 지괴의 위도를 구해야 한다. ㉠ 시기 지괴 A, B의 위도는 모두 $0°$ 즉, 적도에 위치한다. ㉡ 시기 지괴 A, B의 위도는 모두 $30°N$에 위치한다.

이때, ㉠부터 현재까지 일정한 방향으로 이동하고 한번 분리되었으므로 ㉡ 시기 이후에 분리되어 현재와 같은 지괴 분포를 나타낸다고 볼 수 있다.

〈선지 판단하기〉

ㄱ 선지 A에서 구한 고지자기 복각의 절댓값은 ㉠이 ㉡보다 작다. (O)

　　　　복각의 절댓값은 저위도에 위치할수록 작다. ㉠이 더 저위도에 위치한다.

ㄴ 선지 A와 B는 북반구에서 분리되었다. (O)

　　　　A와 B는 북반구에서 분리되었다.

ㄷ 선지 ㉡부터 현재까지의 평균 이동 속도는 A가 B보다 빠르다. (O)

　　　　㉡ 시기에는 두 지괴 모두 $30°N$에 위치했다.

　　　　현재 지괴 A는 $60°N$, 지괴 B는 $45°N$에 위치하므로 지괴 A의 평균 이동 속도가 빨랐다.

〈기출문항에서 가져가야 할 부분〉

1. 고지자기극의 위도와 지괴의 위치를 보고 현재 지괴의 위도 찾는 방법 이해하기 (본문 p.65 참고)

memo